21 世纪全国高等院校材料类创新型应用人才培养规划教材

Pro/Engineer Wildfire 5.0 模具设计

孙树峰　孙术彬　王萍萍　编著

北京大学出版社

PEKING UNIVERSITY PRESS

内 容 简 介

Pro/Engineer Wildfire 5.0 是美国参数技术公司（Parametric Technology Corporation）开发的一款应用性很强的 CAD/CAM/CAE 软件。本书系统地介绍了该软件的模具设计功能，根据模具设计过程分为 11 章，具体内容包括模具设计基本操作、模具型腔布局设计、模具分型面设计、模具体积块设计、模具分析检测、模具浇注系统与冷却系统设计、模具设计典型案例、注塑模具设计、吹塑模具设计、压铸模具设计和注塑模模架设计。全书内容丰富、图文并茂、深入浅出、通俗易懂。

本书既适合作为高等学校的机械、电子、模具、材料、工业设计等专业的教材和参考书，也适合作为相关专业的工程技术人员的参考用书。

图书在版编目(CIP)数据

Pro/Engineer Wildfire 5.0 模具设计/孙树峰，孙术彬，王萍萍编著. —北京：北京大学出版社，2015.9

（21 世纪全国高等院校材料类创新型应用人才培养规划教材）

ISBN 978-7-301-26195-8

Ⅰ. ①P… Ⅱ. ①孙…②孙…③王… Ⅲ. ①模具—计算机辅助设计—应用软件—高等学校—教材 Ⅳ. ①TG76-39

中国版本图书馆 CIP 数据核字（2015）第 192805 号

书　　　　名	Pro/Engineer Wildfire 5.0 模具设计
著作责任者	孙树峰　孙术彬　王萍萍　编著
策 划 编 辑	童君鑫
责 任 编 辑	黄红珍
标 准 书 号	ISBN 978-7-301-26195-8
出 版 发 行	北京大学出版社
地　　　　址	北京市海淀区成府路 205 号　100871
网　　　　址	http://www.pup.cn　新浪微博：@北京大学出版社
电 子 信 箱	pup_6@163.com
电　　　　话	邮购部 62752015　发行部 62750672　编辑部 62750667
印 刷 者	北京鑫海金澳胶印有限公司
经 销 者	新华书店
	787 毫米×1092 毫米　16 开本　16.75 印张　386 千字
	2015 年 9 月第 1 版　2015 年 9 月第 1 次印刷
定　　　　价	45.00 元（附光盘）

21 世纪全国高等院校材料类创新型应用人才培养规划教材

编审指导与建设委员会

成员名单 （按拼音排序）

白培康 （中北大学）　　　　陈华辉 （中国矿业大学）

崔占全 （燕山大学）　　　　杜彦良 （石家庄铁道大学）

杜振民 （北京科技大学）　　耿桂宏 （北方民族大学）

关绍康 （郑州大学）　　　　胡志强 （大连工业大学）

李　楠 （武汉科技大学）　　梁金生 （河北工业大学）

林志东 （武汉工程大学）　　刘爱民 （大连理工大学）

刘开平 （长安大学）　　　　芦　笙 （江苏科技大学）

裴　坚 （北京大学）　　　　时海芳 （辽宁工程技术大学）

孙凤莲 （哈尔滨理工大学）　孙玉福 （郑州大学）

万发荣 （北京科技大学）　　王春青 （哈尔滨工业大学）

王　峰 （北京化工大学）　　王金淑 （北京工业大学）

王昆林 （清华大学）　　　　卫英慧 （太原理工大学）

伍玉娇 （贵州大学）　　　　夏　华 （重庆理工大学）

徐　鸿 （华北电力大学）　　余心宏 （西北工业大学）

张朝晖 （北京理工大学）　　张海涛 （安徽工程大学）

张敏刚 （太原科技大学）　　张　锐 （郑州航空工业管理学院）

张晓燕 （贵州大学）　　　　赵惠忠 （武汉科技大学）

赵莉萍 （内蒙古科技大学）　赵玉涛 （江苏大学）

前　　言

CAD/CAM/CAE 技术是产品数字化设计与制造的重要手段之一。当前，CAD/CAM/CAE 技术已经广泛应用于产品设计、模具设计和加工制造的各个领域，各种 CAD/CAM/CAE 软件更是以其全新的理念及强大的功能改变着工程领域的设计和制造模式。掌握 CAD/CAM/CAE 软件已经成为大中专院校、职业技术学院(校)机械、电子、模具、工业设计等专业的学生和企业工程技术人员必备的基本技能之一。

Pro/Engineer Wildfire 是美国参数技术公司(Parametric Technology Corporation)开发的一款应用性很强的 CAD/CAM/CAE 软件，经过多次升级，目前应用的最新版本是 Pro/Engineer Wildfire 5.0。该软件具有强大的产品设计和模具设计功能，能够为设计人员提供方便高效的设计工具，进而提高企业在市场上的竞争力。

为了帮助广大读者和有志于学习 Pro/Engineer 软件的工程技术人员快速掌握这一先进的 CAD/CAM/CAE 软件，编者编写了本书，希望本书能成为读者学习和提高模具设计水平的有益工具。

本书系 Pro/Engineer Wildfire 5.0 简体中文版软件的配套教材，针对模具设计各个环节进行详细的讲解，具体包括加载参照模型、创建工件、创建分型面或体积块、分割、抽取、创建铸模、仿真开模等操作，最终实现模具设计。另外，本书对模具型腔布局、模具检测分析、模具浇注系统和冷却系统设计等进行了详细介绍，对注塑模具、吹塑模具和压铸模具设计进行分类介绍，最后对模架设计进行介绍。

本书通过大量的实例，详细而又生动地介绍 Pro/Engineer Wildfire 5.0 软件模具设计的基本操作过程。书中既有按照系统菜单命令逐一讲解的内容，又有典型的实例和习题供读者练习，从而达到让读者快速掌握该软件的目的。为了能够照顾到一部分初学者，本书专门介绍了软件的基本功能指令的操作方法并安排了相对较简单的实例与习题，希望能够做到循序渐进，由简到难。为了让有一定基础的工程技术人员使用本书时有所收获，又专门安排较复杂的案例实践，以期通过实战练习，应用到生产过程中。

为了便于学习和操作实践，本书所用到的实例模型和操作结果可在北京大学出版社第六事业部网站 www.pup6.cn 下载获得或致信编者电子信箱(shufeng2001@163.com)索取。

本书由温州大学数控及 CAD/CAM/CAE 研究室组织编写，由孙树峰、孙术彬、王萍萍编著。参与本书编著工作的还有杨晓强、徐伟、童新华、徐子凯、胡勇明，在此，向各位参与本书编著和审核工作的人员表示感谢。

由于编者水平有限，书中疏漏之处在所难免，欢迎广大读者和专家批评指正。

编　者
2015 年 5 月

目 录

第 1 章
Pro/Engineer Wildfire 5.0
模具设计基本操作

本章教学要点

知识要点	掌握程度	相关知识
模具设计基础操作	了解模具设计的基本模块； 熟悉模具设计的基本术语； 掌握模具设计的基本方法； 掌握模具设计的基本流程	模具设计的基本模块； 模具设计的基本术语； 模具设计的基本方法； 模具设计的基本流程实例

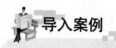

导入案例

模具是工业之母

模具是制造业不可或缺的基础工艺装备，主要用于零部件的高效大批量生产，是装备制造业的重要组成部分，如图 1.01 所示。模具是以特定的结构形式通过一定方式使材料成型的一种工业产品，同时也是能成批生产出具有一定形状和尺寸的工业产品零部件的一种生产工具。大到飞机、汽车，小到茶杯、钉子，大约有 70%的工业产品都必须依靠模具成型。用模具生产制件所具备的高精度、高一致性、高生产率是任何其他加工方法所不能比拟的。模具在很大程度上决定着产品的质量、效益和新产品开发能力。所以模具又有"工业之母"的荣誉称号。

图 1.01　模具示例

1.1　模具基本知识

Pro/Engineer Wildfire 5.0 基础模块和模具设计模块为注塑模具、压铸模具、吹塑模具和冲压模具等模具的设计提供了快捷方便的平台。Pro/Engineer Wildfire 5.0 的模具设计模块集成了模具设计所需的所有工具，可以方便地创建、修改、分析、校验和更新模具，能够极大地提高模具设计的效果和成品质量。

1.1.1　模具设计基本模块

由于不同产品的成型原理不同，为此 Pro/Engineer Wildfire 5.0 提供了包括基础模块在内的多种模具设计模块和选项，以方便各种模具的设计。

(1) 基础模块(Foundation)和组件模块(Assembly)：将模具视为普通的组件进行设计，可以通过这两个最基本的模块来设计模具元件，然后装配得到模具组件。

(2) 模具模块(Pro/Moldesign)：该模块可以设计注塑模具型腔、吹塑模具型腔等各种塑料模具型腔。

(3) 铸造模具模块(Pro/Casting)：该模块可以设计合金压铸模具型腔、浇注模具型腔等。

(4) 钣金模架库模块(PDX)：Pro/Engineer Wildfire 5.0 的钣金件模块提供了钣金件的设计功能，用户还可以通过钣金模架库模块设计冲压模具的模架。

(5) 其他模块：如注塑模具设计专家(EMX)设计各种模具的模架；塑性顾问(Plastic Advisor)扩展模具模块用于注塑模具的铸模填充分析等。

1.1.2　模具设计基本术语

在 Pro/Engineer Wildfire 5.0 模具设计中，特别是在模具模块中，使用了许多术语来描述设计过程，熟悉这些术语，对熟练掌握 Pro/Engineer Wildfire 5.0 模具设计有很大的帮助。

(1) 设计模型：即参照零件，是模具将要制造的产品原型，它代表成型后的最终产品，设计模型是模具设计的基础，它决定了模具的类型、模具型腔结构，成型过程是否需要型芯、镶块等模具元件，以及浇注系统、冷却系统的布置等。设计模型必须是一个零件，如果设计模型是一个组件，应在装配模式中合并成零件模型。

(2) 参照模型：参照模型是设计模型在模具模型中的映像，参照模型由一个合并的单一模型组成，这个合并特征维护着参照模型与设计模型之间的参数关系。参照模型与设计模型一般不是完全相同的，因为设计零件并不总是包含成型或铸造要求的所有必要的设计元素，如设置收缩率、添加拔模特征等。

(3) 工件模型：也称为坯料模型，表示模具组件的全部体积，这些组件将直接参与分配熔料的形状。工件模型包括参照模型、模穴、浇口、流道和冒口等。

(4) 模具模型：模具模型是一个组件，它包括参照模型、工件、分型面、各种型腔组件特征、模具体积块、模具元件和铸模等，它是模具模块的最高级模型。

(5) 分型面：分型面在 Pro/Engineer Wildfire 5.0 模具设计中最为关键，合理地选择分型面的位置，才能得到合适的型腔。分型面由一个或多个曲面特征组成，可以分割工件或已存在的模具体积块，得到新体积块。其必须与要分割的工件、体积块完全相交。

(6) 铸件：即铸造所产生的最终零件，可以通过观察铸件，从而发现所生成的铸件是否与设计模型一致。

(7) 收缩率：塑件从模具中取出冷却至室温后尺寸发生缩小变化的特性称为收缩性，衡量塑件收缩大小的参数称为收缩率。在设计模具型腔时要设置收缩率，以抵消由于塑件收缩而产生的尺寸和形状的误差。

1.1.3　模具设计基本流程

模具设计是一个专业性和经验性较强的工作，涉及多个学科的知识。一套完整的模具，涵盖多个相关系统，各系统间相互协调，才能保证模具的正常使用，生产出符合要求的产品。通常模具包括浇注系统、冷却系统、顶出系统、排气系统、抽芯机构等几部分。使用模具设计模块进行模具设计的基本流程如下。

(1) 创建模具模型。模具模型包括参照模型和工件两部分。一般情况下，参照模型在零件模式下创建，然后将其装配到模具设计中，而工件直接在模具模式中创建。

(2) 拔模检测和厚度检测。在进行模具设计前，需要确定零件有恰当的拔模斜度，可以从模具中顺利拖出，还要确保零件上没有过厚的区域以造成下陷。

(3) 设置收缩率。塑件或铸件在冷却固化时会产生收缩，为了满足其尺寸的精度要求，可以根据选择的形态，在整个模型上设置按比例收缩或按尺寸收缩。

(4) 创建分型面或体积块。综合考虑各方面因素创建合理的分型曲面，以分割工件形成模具体积块，或者直接创建出模具体积块。

(5) 分割工件。利用创建的分型面或模具体积块将工件分割成单独的模具体积块。

(6) 创建模具元件。抽取模具体积块以生成模具元件,抽取后的模具元件就成为单独的实体零件。

(7) 创建浇注系统、冷却系统和顶出系统。综合考虑各方面的因素,利用模具组件+特征来创建浇注系统、冷却系统和顶出系统。

(8) 创建铸件。自动创建铸件,以检测模具设计的正确性。

(9) 仿真开模与干涉检测。定义模具的开启步骤,设定开启顺序,并进行干涉检测。

(10) 装配模座组件。可以在模具模式下或组件模式下创建模架组件,也可以从 EMX 中调用标准的模座零件,形成模座组件。

(11) 生成二维工程图。完成所有零部件的细部出图及其他设计项目,以便于加工制造。

1.2 模具设计基本方式

Pro/Engineer Wildfire 5.0 提供了许多模具设计模块和工具来进行模具设计,根据具体产品的形状、样式和复杂程度不同,存在不同的设计流程,根据设计人员长期的实践总结,总的来说一共归结为 3 种模具设计方法:组件设计法、分型面法和体积块法,其中后面两种方法统称为模具模块法,这 3 种模具设计方法各有优缺点。

(1) 组件设计法是在 Pro/Engineer Wildfire 5.0 组件环境下进行模具设计的,它的操作方法比较接近一般的零件建模和组件装配过程,对模具设计初学者来说比较容易接受和理解,而且它在处理一些简单的产品模具设计时的效率毫不逊色于其他的模具设计方法。

(2) 分型面法是在 Pro/Engineer 专用的模具设计模块 Pro/Moldesign 工作环境中进行模具设计的,其重点在于创建出模具的分型面,利用 Pro/Engineer Wildfire 5.0 强大的曲面建模工具,通过一系列的编辑可以设计出绝大多数产品的分型面,一旦创建出分型面,其他的设计过程就比较简单,它的主要工作就变为设计分型面。

(3) 体积块法是当遇到分型面法无法创建分型曲面的时候,直接创建出模具体积块,利用设计出的体积块再创建出模具元件,虽然步骤比较繁琐,但也不失为一种好方法。

通过比较可以看出,模具模块法是模具设计的主要方法,应用比较繁琐。因为它是在 Pro/Engineer 专用的模具设计模块 Pro/Moldesign 的工作环境中进行模具设计,该模块集合了模具设计中的各种专业工具和命令,可以极大地提高模具设计的效率。

1.3 简 单 实 例

1.3.1 装配参照模型

操作步骤如下。

(1) 新建一个文件夹,修改其名称为"01-1",将配套光盘中"1"|"01-1"|"unfinished"|"junctionbox.prt"文件复制到该文件夹中。选择主菜单中的"文件"|"设置工作目录"命令,在弹出的"选择工作目录"对话框中,指定工作目录为"01-1",单击"确定"按钮。

(2) 单击"新建"按钮,弹出"新建"对话框,在"类型"选项组中,选中"制造"单选按钮,在右边的"子类型"选项组中选中"模具型腔"单选按钮,在"名称"文本框中输入模具名称"mfg_mold0001"，完成设置的"新建"对话框如图 1.1 所示。取消选中"使用缺省模板"复选框，单击"确定"按钮，选择"mmns_mfg_mold"模板，最后单击"确定"按钮进入模具设计主界面，如图 1.2 所示。

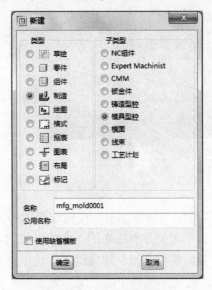

图 1.1　"新建"对话框

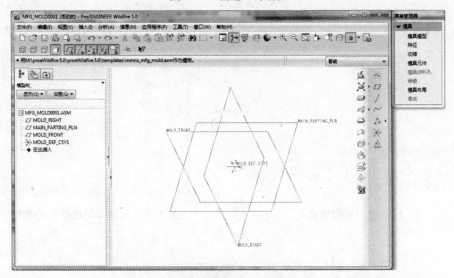

图 1.2　模具设计主界面

进入模具设计工作环境后，在绘图区域上方是主菜单和常用工具栏。绘图区左边是模型树，可以显示所创建的零件和特征。绘图区右边显示常用工具，右上角显示的是菜单管理器，它包括了设计模具的大部分工具。其中模具设计工作环境的绘图区域中包含 3 个基准平面，分别为 MOLD_RIGHT、MAIN_PARTING_PLN 和 MOLD_FRONT，以及系统基准坐标系 MOLD_DEF_CSYS 和系统默认开模方向双箭头 PULL DIRECTION。

(3) 选择菜单管理器中的"模具模型"|"装配"|"参照模型"命令。在弹出的"打开"

对话框中，选择"junctionbox.prt"零件模型，单击"打开"按钮，参照模型将显示在绘图区域中，如图 1.3 所示。

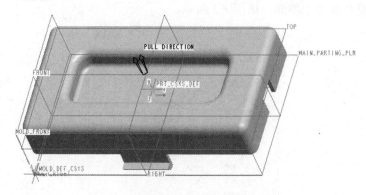

图 1.3　参照模型

(4) 在绘图区上方打开"装配"操作面板，在操作面板的下拉列表中选择"缺省"方式进行装配，如图 1.4 所示。单击操作面板中的"完成"按钮，弹出"创建参照模型"对话框，如图 1.5 所示。在"参照模型类型"选项组中，选中"按参照合并"单选按钮，单击对话框中的"确定"按钮，完成参照模型的装配，效果如图 1.6 所示。

图 1.4　选择装配方式　　　　　　图 1.5　"创建参照模型"对话框

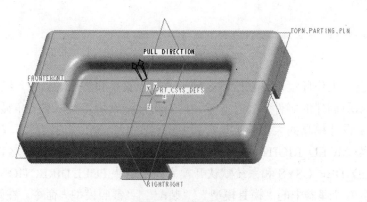

图 1.6　装配效果

1.3.2　创建工件模型

(1) 选择"模具"菜单管理器中的"模具模型"|"创建"|"工件"|"手动"命令，弹出如图 1.7 所示的"元件创建"对话框。在"类型"选项组中，选中"零件"单选按钮；在"子类型"选项组中，选中"实体"单选按钮，在"名称"文本框中输入工件名称"wrk_mold0001"，单击"确定"按钮。弹出如图 1.8 所示的"创建选项"对话框，选中"创建特征"单选按钮，单击"确定"按钮。

图 1.7　"元件创建"对话框

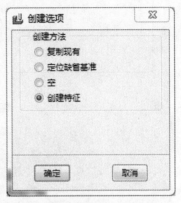

图 1.8　"创建选项"对话框

(2) 选择菜单管理器"实体"菜单中的"加材料"选项，菜单管理器显示"实体选项"菜单，并默认选中"拉伸"和"实体"两个选项，直接选择"完成"命令即可。在绘图区上方打开"拉伸"操作面板，单击"放置"按钮，在下拉菜单中单击"定义"按钮，弹出"草绘"对话框，选择 MOLD_FRONT 基准平面作为草绘平面，MOLD_RIGHT 基准平面作为参照平面，方向为"右"，如图 1.9 所示，单击"草绘"按钮，进入草绘环境。弹出"参照"对话框，选择 MOLD_RIGHT 和 MAIN_PARTING_PLN 基准平面作为参照，如图 1.10 所示，单击"关闭"按钮退出"参照"对话框。在绘图区草绘如图 1.11 所示的草图，单击右边工具栏中的 ✔ 按钮完成草绘。选择"拉伸方式"为"双向拉伸" ⬚，拉伸长度为"200"，单击"完成"按钮，创建的拉伸特征如图 1.12 所示。

图 1.9　"草绘"对话框

图 1.10　"参照"对话框

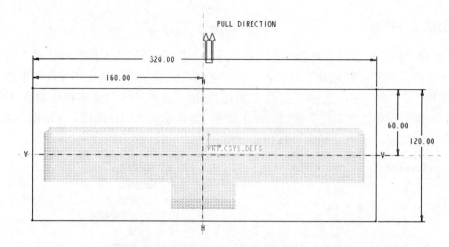

图 1.11　绘制的草图

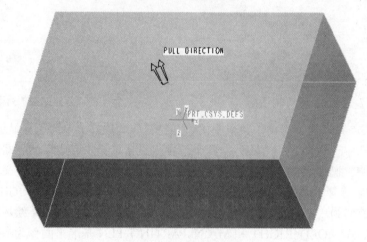

图 1.12　创建工件

1.3.3　创建分型面

(1) 单击绘图区域右侧工具栏中的"分型曲面工具"按钮 ⬜，进入分型面创建界面。用鼠标右键单击模型树中的"wrk_mold0001.prt"零件，在弹出的快捷菜单中选择"隐藏"选项，将工件暂时隐藏。复制参照零件的外表面：选择参照零件外表面的其中一个曲面片，按 Ctrl+C 键(复制)，再按 Ctrl+V 键(粘贴)，打开"曲面复制"操作面板，按住 Ctrl 键选择参照零件的其他外表面曲面片，最后单击操作面板中的"完成"按钮完成曲面复制，在左边模型树中生成分型面"复制 1[part_surf_1-分型面]"。用鼠标右键单击模型树中的"mfg_mold0001_ref.prt"零件，在弹出的快捷菜单中选择"隐藏"命令，复制的参照零件表面效果如图 1.13 所示。

(2) 用鼠标右键单击模型树中的"mfg_mold0001_ref.prt"零件，在弹出的快捷菜单中选择"取消隐藏"命令。选择主菜单中的"编辑"|"填充"命令，在绘图区上方打开"填充"操作面板，单击操作面板中的"参照"按钮，在下拉菜单中单击"定义"按钮，在绘图区中选择参照零件的开口端面作为草绘平面，如图 1.14 所示，选择 MOLD_RIGHT 基准

平面作为参照平面，方向为"右"，如图 1.15 所示，单击"草绘"按钮，进入草绘环境。在弹出的"参照"对话框中选择 MOLD_RIGHT 和 MOLD_FRONT 基准平面作为参照，单击"关闭"按钮退出"参照"对话框。

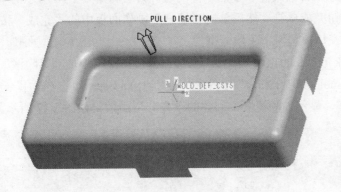

图 1.13　复制曲面

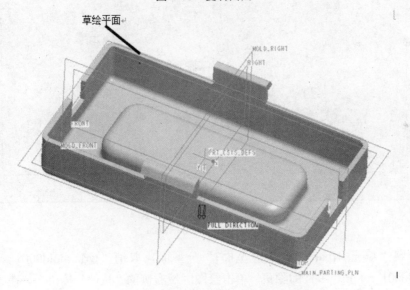

图 1.14　定义草绘平面

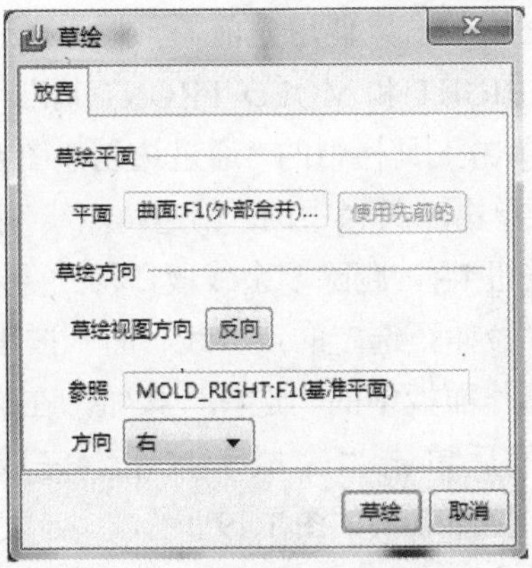

图 1.15　"草绘"对话框

用鼠标右键单击模型树中的"wrk_mold0001.prt"零件，在弹出的快捷菜单中选择"取消隐藏"选项，在绘图区显示该零件。在草绘环境中，单击工具栏中的"通过边创建图元"按钮□，单击拾取工件的边界和参照零件的边界，绘制如图 1.16 所示的草图，单击工具栏上的"完成"按钮完成草绘。然后单击"填充"操作面板中的"完成"按钮，完成填充分型面的创建，在左边模型树中生成分型面"填充 1[part_surf_1-分型面]"。用鼠标右键单击模型树中的"wrk_mold0001.prt"零件，在弹出的快捷菜单中选择"隐藏"选项，用同样的方法隐藏"mfg_mold0001_ref.prt"零件和"复制 1[part_surf_1-分型面]"分型面，单击"标准方向"按钮□，显示轴侧视图，创建的填充分型面效果如图 1.17 所示。

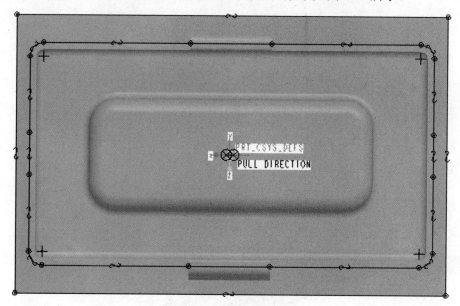

图 1.16　绘制草绘截面

　　(3) 隐藏"填充 1[part_surf_1-分型面]"分型面，取消"wrk_mold0001.prt"零件和"mfg_mold0001_ref.prt"零件的隐藏。单击绘图区域右侧的"拉伸"按钮☐，在绘图区上方打开"拉伸"操作面板，在操作面板中单击"放置"按钮，在下拉菜单中单击"定义"按钮，在弹出的"草绘"对话框中单击"使用先前的"按钮，进入草绘环境。在弹出的"参照"对话框中，选择 MOLD_RIGHT 和 MOLD_FRONT 基准平面作为参照，单击"关闭"按钮，退出"参照"对话框。单击工具栏中的"通过边创建图元"按钮□，单击拾取图 1.18 所示的图元作为草绘截面，再单击工具栏中的"创建两点线"按钮╲完成两个矩形的绘制，单击工具栏中的"删除段"按钮┋，删除多余线段，得到两个矩形，单击"完成"按钮完成草绘。在操作面板中单击"拉伸至选定的点、线、面"按钮┻，在绘图区中选取倒钩小平面为拉伸截止平面。单击操作面板中的"选择"按钮，在弹出的"选项"下拉面板中，勾选"封闭端"复选框，最后单击"完成"按钮，完成拉伸分型面的创建。隐藏"wrk_mold0001.prt"零件后，拉伸效果如图 1.19 所示。

图 1.17　填充分型面

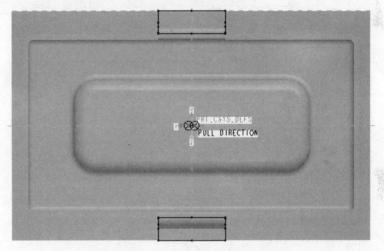

图 1.18　绘制草绘截面

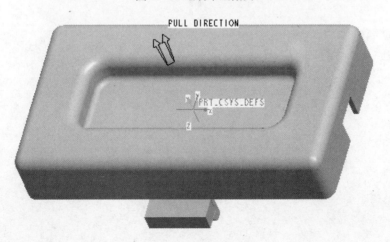

图 1.19　拉伸分型面

(4) 用同样方法创建左右两侧缺口处的两个拉伸分型面。取消"wrk_mold0001.prt"零件的隐藏。单击绘图区域右侧工具栏中的"拉伸"按钮 ，在绘图区上方打开"拉伸"操作面板，单击操作面板中的"放置"按钮，在下拉菜单中单击"定义"按钮，在弹出的"草绘"对话框中选择"WRK_MOLD0001.prt"零件的右侧面作为草绘平面，上侧面作为参照平面，方向为"顶"，如图 1.20 所示，单击"草绘"按钮，进入草绘环境。在弹出的"参照"对话框中，选择 MOLD_FRONT 和 MAIN_PARTING_PLN 基准平面作为参照，单击"关闭"按钮退出"参照"对话框。单击工具栏中的"通过边创建图元"按钮□，单击拾取缺口上、左、右 3 条边界，然后单击工具栏中的"创建两点线"按钮＼绘制下边界，构成一个矩形草绘截面，如图 1.21 所示，单击"完成"按钮完成草绘。在操作面板中单击"到选定项"按钮，在绘图区中选取参照零件的右侧面为拉伸截止平面，最后单击"完成"按钮，完成拉伸特征的创建。隐藏零件"wrk_mold0001.prt"后，拉伸效果如图 1.22 所示。用同样方法创建参照零件左侧缺口处的拉伸分型面，效果如图 1.23 所示。

图 1.20　"草绘"对话框

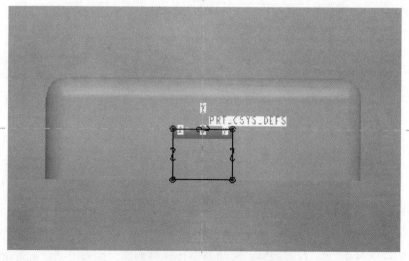

图 1.21　矩形草绘截面

图 1.22　右侧缺口处的拉伸分型面

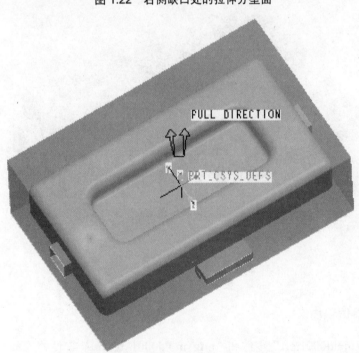

图 1.23　左侧缺口处的拉伸分型面

(5) 隐藏"wrk_mold0001.prt"零件和"mfg_mold0001_prt"零件。按住 Ctrl 键，选取绘图区中已创建的两个分型面，选择主菜单中的"编辑"|"合并"命令，在打开的"合并"操作面板中单击"方向"按钮 ⚏，调整合并方向，最后单击"完成"按钮确定操作，用同样的方法将合并得到的分型面与剩余的分型面分别合并，最终将所有分型曲面合并为一个整体分型面，单击绘图区右侧工具栏中的"完成"按钮，完成分型面的创建，效果如图 1.24 所示。

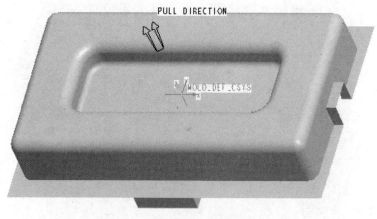

(a) 分型面外部

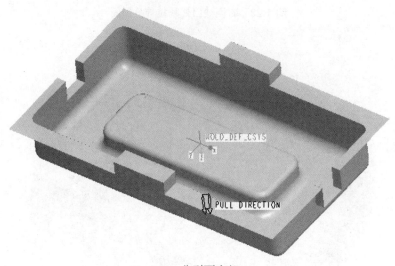

(b) 分型面内部

图 1.24　合并分型面

1.3.4　分割模具体积块

　　取消"wrk_mold0001.prt"零件和"mfg_mold0001_ref.prt"零件的隐藏。单击绘图区域右侧工具栏中的"体积块分割"按钮 。打开如图 1.25 所示的"分割体积块"菜单，系统默认选中"两个体积块"和"所有工件"选项，直接选择"完成"命令，弹出"分割"对话框，如图 1.26 所示。在绘图区域中选择分型面，然后单击鼠标中键确认，再单击"分割"对话框中的"确定"按钮。弹出"属性"对话框，在对话框中的"名称"文本框中输入体积块 1 的名称为"MOLD_VOL_aomo"，如图 1.27 所示。单击对话框中的"确定"按钮，再次弹出"属性"对话框，在对话框中的"名称"文本框中输入体积块 2 的名称为"MOLD_VOL_tumo"，如图 1.28 所示。单击对话框中的"确定"按钮，完成体积块的分割。

图 1.25　"分割体积块"菜单

图 1.26　"分割"对话框

图 1.27　"属性"对话框(1)

图 1.28　"属性"对话框(2)

1.3.5　抽取模具元件

(1) 单击绘图区域右侧工具栏中的"型腔插入"按钮![button]，弹出"创建模具元件"对话框，如图 1.29 所示。单击对话框中的"选取全部体积块"按钮![button]，选中窗口中的两个体积块作为元件抽取对象，单击对话框中的"确定"按钮，完成模具元件的创建，在左边模型树中生成两个体积块特征。

图 1.29　"创建模具元件"对话框

(2) 单击绘图区域顶部的"遮蔽-取消遮蔽"按钮![button]，打开"遮蔽-取消遮蔽"窗口，如图 1.30 所示。选中"可见元件"列表中的"MFG_MOLD0001_REF"和"WRK_MOLD0001"这两个零件，单击窗口中的"遮蔽"按钮，以上两个零件在绘图区域中被遮蔽。单击"分型面"按钮，选中"可见曲面"列表中的"PART_SURF_1"分型面，单击窗口中的"遮蔽"按钮，遮蔽分型面，单击窗口中的"关闭"按钮，则在绘图区域中显示的只有两个抽取得到的模具元件，如图 1.31 所示。

图 1.30 "遮蔽-取消遮蔽"窗口

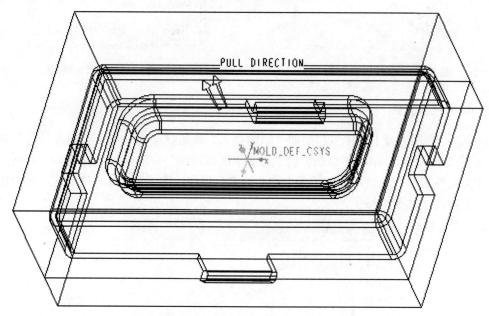

图 1.31 模具元件

1.3.6 创建模具铸件

选择"模具"菜单管理器中的"铸模"|"创建"命令，弹出"消息输入窗口"对话框，要求输入铸模零件名称，单击"完成"按钮，以默认的名称"PRT0001"作为铸模零件的名称。系统信息区再次提示输入模具零件公用名称，再次单击"完成"按钮，以默认的名称 PRT0001.PRT 作为铸模零件公用名称，在型腔中生成铸模零件并加亮显示，如图 1.32 所示。

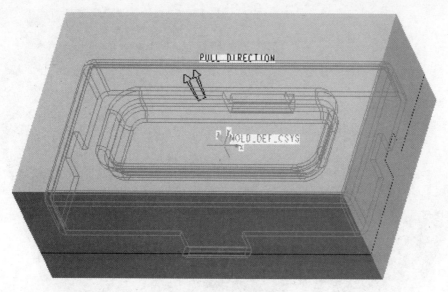

图 1.32　铸模零件

1.3.7　仿真开模

单击绘图区域右侧工具栏中的"模具进料孔"按钮，对模具进行开模操作，打开如图 1.33 所示的"模具孔"菜单管理器。

移动上(凹)模：选择"定义间距"|"定义移动"命令，选择绘图区中的上(凹)模，单击鼠标中键确认。再选择上(凹)模的上表面，出现红色的方向箭头，表示以上表面的法向为开模方向，同时弹出"消息输入窗口"对话框，输入要移动的位移 200，如图 1.34 所示。单击"完成"按钮完成上(凹)模的开模定义，如图 1.35 所示。

移动下(凸)模：选择"定义间距"|"定义移动"命令，选择绘图区中的下(凸)模，单击鼠标中键确认。再选择下(凸)模的下表面，出现红色的方向箭头，表示以下表面的法向为开模方向，同时弹出"消息输入窗口"对话框，输入要移动的位移 200。单击"完成"按钮完成下(凸)模的开模定义。

最后选择"模具孔"菜单管理器中的"完成"命令，开模效果如图 1.36 所示。单击"保存"按钮，输入模型名称为"MFG_MOLD0001.ASM"，单击"保存"按钮，保存文件。

(a) 菜单管理器

(b) 选择"定义间距"|"定义
移动"命令

图 1.33　"模具孔"菜单管理器

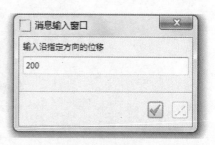

图 1.34　"消息输入窗口"对话框

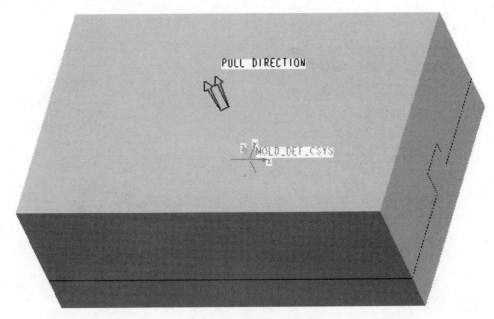

图 1.35　上(凹)模的开模效果

图 1.36　开模效果

本 章 小 结

　　本章首先介绍了 Pro/Engineer 模具设计的基本知识，包括模具设计的基本模块、基本术语和基本流程，使读者对 Pro/Engineer 模具设计有一个初步的认识。然后通过一个简单实例，介绍分型面法模具设计的基本流程，使读者基本掌握模具设计的整个过程。为了熟练掌握 Pro/Engineer 的模具设计功能，要求读者平时多做练习，举一反三。在练习和实践中学习并总结模具设计的经验知识，以求在实际操作中针对不同的零件，快速、高效、高质量地完成模具设计。

习　　题

　　使用分型面法设计简易塑料壳的模具，效果如图 1.37 所示。

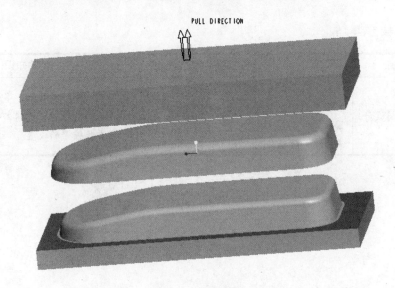

图 1.37　模具效果

要求如下：
(1) 使用分型面法进行模具设计。
(2) 使用最简单的方法创建分型面。
(3) 设计塑料壳的凹凸模。
(4) 定义开模。

第 2 章
Pro/Engineer Wildfire 5.0
模具型腔布局设计

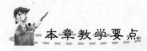 本章教学要点

知识要点	掌握程度	相关知识
模具型腔布局设计	熟悉模具型腔布局类型； 掌握参照模型的加载； 掌握工件的创建； 掌握模具收缩率的设置	单腔、多腔、矩形、多件模布局； 装配参照模型、创建工件； 模具收缩率的设置

导入案例

模具型腔布局

型腔布局是模具设计的重要内容，它直接影响模具成型产品的质量和效率，如图 2.01 所示。型腔布局的设计原则如下。

(1) 力求平衡、对称。各型腔在相同温度下可同时充模；浇口平衡；大小制品对称布置；模具力平衡，即注射压力中心与主流道中心重合，防止飞边。

(2) 流道尽可能短，以降低废料率、成型周期和热损失。

(3) 对于高精度制品，型腔数目尽可能少，因为每增加一个型腔，制品精度下降 4%，精密模具型腔数目一般不超过 4 个。

(4) 采用相同颜色、相同原料。

(5) 结构紧凑，节约钢材。

(6) 同一制品，大近小远。

(7) 高度相近。

(8) 先大后小，见缝插针。

(9) 工艺性好。

图 2.01　模具型腔布局示例

模具型腔布局是指加载铸模参照模型来创建模具型腔，根据所加载铸模参照模型数量的不同，可分为单腔模和多腔模。单腔模的优点是结构简单，容易保证塑件质量；但缺点是效率低。因此为了提高生产效率，常采用多腔模，即一次注塑生成多个铸模。对预处理过的铸模参照模型，可以加载到 Pro/Engineer Wildfire 5.0 模具设计模块，设置型腔布局，创建工件，设置收缩率补偿铸模从热模具中取出并冷却到室温时的热胀冷缩影响。本章包括以下几个方面的内容：模具型腔布局、模具工件模型的创建和模具收缩率的设置。

2.1　装配参照模型

2.1.1　单腔布局

1. 创建模型坐标系和基准面

(1) 打开零件。单击菜单栏中的"打开"按钮，弹出"文件打开"对话框，选择配套光盘中"2"|"2-1-1"|"unfinished"|"str.prt"文件，单击"文件打开"对话框右下方的"打开"按钮打开零件。标准方向视图如图 2.1 所示。

图 2.1　参照模型

(2) 创建基准点。单击工具栏中的"视图方向"按钮，选择"+XY"视图，如图 2.2 所示，然后单击工具栏上的"基准点"按钮 ，分别在上、下边界创建如图 2.3(a)所示的 3 个基准点 PNT0～PNT2。然后选择"+YZ"视图，在圆弧中间创建 1 个基准点 PNT3，如图 2.3(b)所示。

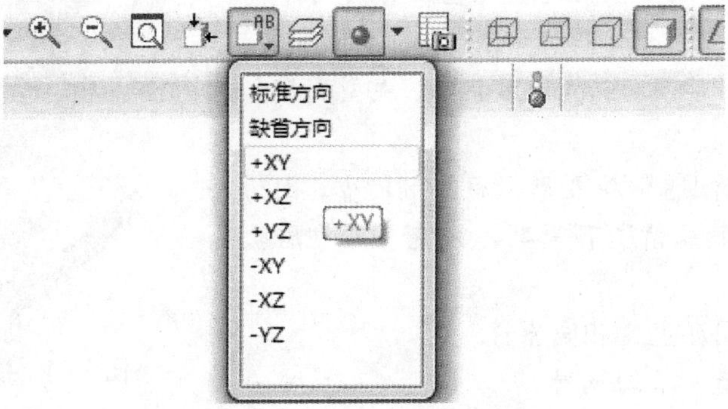

图 2.2　选择"+XY"视图

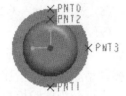

(a) 在上、下边界创建基准点　　　　　　　(b) 在圆弧中间创建基准点

图 2.3　创建基准点

(3) 创建基准面。单击工具栏中的"基准平面"按钮 ，利用 PNT0～PNT3 这 4 个基准点分别创建 3 个相互垂直的基准平面 XY、YZ 和 ZX，如图 2.4 所示。

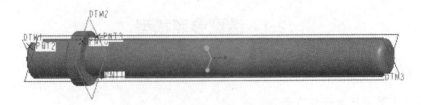

图 2.4　创建基准面

(4) 创建坐标系。单击工具栏中的"坐标系"按钮 ，按住 Ctrl 键选择 XY、YZ、ZX 3 个基准平面创建坐标系，在 3 个基准面交点创建的坐标系如图 2.5 所示。

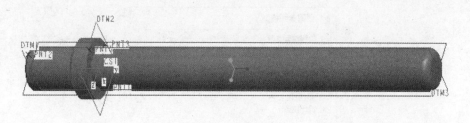

图 2.5　创建坐标系

(5) 保存文件。单击工具栏中的"保存"按钮 🖫 ，弹出"保存对象"对话框，单击"确定"按钮，保存文件。

(6) 拭除文件。选择"文件"|"拭除"|"当前"命令。

2. 装配参照模型

(1) 设置工作目录。选择主菜单中的"文件"|"设置工作目录"命令，在弹出的"选取工作目录"对话框中选择目标零件所在的文件夹，单击"确定"按钮，将其设置为当前工作目录。

(2) 新建文档。单击上方工具栏中的"新建"按钮 □ ，弹出"新建"对话框，在"类型"选项组中选中"制造"单选按钮，在"子类型"选项组中选中"模具型腔"单选按钮，并在"名称"文本框中输入模具名称"mfg0001_mold"，取消勾选"使用缺省模板"复选框，单击"确定"按钮。在弹出的"新文件选项"对话框中选择"mmns_mfg_mold"模板，再次单击"确定"按钮进入模具设计界面。

(3) 装配参照模型。在菜单管理器中，选择"模具模型"|"装配"|"参照模型"命令，弹出"打开"对话框，选择目标零件"str.prt"，单击"打开"按钮，模型在主界面的绘图区域中显示。同时打开"装配"操作面板，将约束类型改为"缺省"，实现完全约束，如图 2.6 所示。

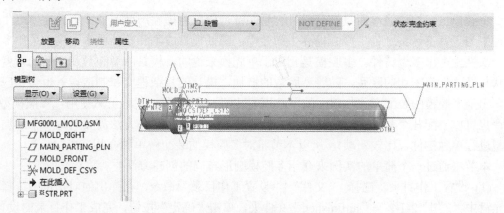

图 2.6　装配参照模型

(4) 单击操作面板中的"确定"按钮。弹出"创建参照模型"对话框，选择"按参照合并"单选按钮，其他选项默认，如图 2.7 所示，单击"确定"按钮完成参照模型的装配，如图 2.8 所示。

图 2.7 "创建参照模型"对话框

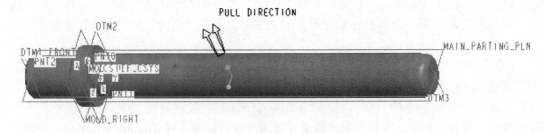

图 2.8 完成参照模型的装配

(5) 保存文件。单击"保存"按钮 ，弹出"保存对象"对话框，系统默认的文件名称为"MFG0001_MOLD.ASM"，单击"确定"按钮，保存文件。

2.1.2 创建多腔模圆形布局

单腔模虽然结构简单而且产品质量容易保证，但单腔模生产效率低，因此在实际生产过程中为了真正达到批量生产、提高生产效率，降低模具成本和制件成本，常常采用多腔模一次性生产出多个铸件。多腔模是相对于单腔模来说的，模具的型腔数和制品的精度、形状与经济性有密切的联系，随着型腔数的增加，模具的复杂程度和制造误差也会相应增加。由于多腔模的装配方式与前面的单腔模的装配方式差异比较大(虽然使用"参照模型"命令也可以装配几个基于同一设计模型的参照模型，但使用这种方法需要对每一个添加的模型进行单独定位，比较繁琐)，所以本节将对多腔模的装配做单独介绍。

本节将通过一个简单的实例来介绍多腔模圆形布局的创建方法。

(1) 设置工作目录。选择 "文件" | "设置工作目录"命令，在弹出的对话框中选择配套光盘中"2" | "2-1-2" | "unfinished"文件夹，单击"确定"按钮，完成工作目录的设置。

(2) 选择"文件" | "新建"命令，在弹出的"新建"对话框中，选择"制造"和"模具型腔"类型，在"名称"文本框中输入"mfg0001_mold"，取消勾选"使用缺省模板"复选框，单击"确定"按钮。选用"mmns_mfg_mold"模板，单击"确定"按钮进入主界面。

(3) 在菜单管理器中，选择"模具模型"|"定位参照零件"命令，弹出"布局"对话框，如图 2.9 所示。

(4) 单击"打开"按钮  ，弹出"打开"对话框，选择目标模型"sweep_1.prt"，单击"打开"按钮，弹出"创建参照模型"对话框，如图 2.10 所示。

图 2.9　"布局"对话框

图 2.10　"创建参照模型"对话框

(5) 采用默认设置，直接单击"确定"按钮。回到"布局"对话框，单击"布局起点"按钮 ，选择绘图区中的参考坐标系 MOLD_DEF_CSYS，在"布局"对话框的"布局"选项组中选择"圆形"单选按钮，在"布局"对话框下方出现"径向"文本框。在"型腔"文本框中输入"6"，在"半径"文本框中输入"15"，在"起始角度"文本框中输入"0"，在"增量"文本框中输入"60"。单击"预览"按钮，查看载入的参照模型，如图 2.11 所示。

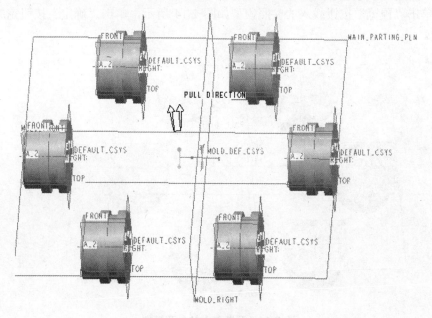

图 2.11　预览载入的参照模型

(6) 可以看出参照模型的拔模方向"PULL DIRECTION"错误，说明系统默认选择的 DEFAULT_CSYS_DEF 坐标系不恰当。单击"布局"对话框中的"参照模型起点与定向"按钮 ，弹出"参照模型"对话框和菜单管理器，选择菜单管理器中的"动态"选项，弹出"参照模型方向"对话框。在该对话框中的"坐标系移动/定向"选项组中选择"旋转"选项，在"轴"选项组中选择"Y"选项，在"数值"文本框中输入"90"，如图 2.12 所示。

(7) 单击"确定"按钮，回到"布局"对话框，如图 2.13 所示。

图 2.12 "参照模型方向"对话框

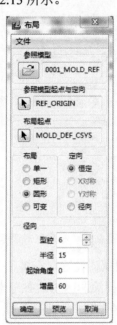

图 2.13 "布局"对话框

(8) 单击"预览"按钮载入的参照模型如图 2.14 所示，单击"确定"按钮完成圆形布局的创建。

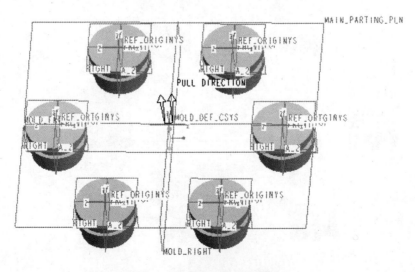

图 2.14 预览载入的参照模型

(9) 保存文件。单击"保存"按钮 ，弹出"保存对象"对话框，系统默认的文件名称为"MFG0001_MOLD.ASM"，单击"确定"按钮，保存文件。

2.1.3　创建矩形布局

(1) 设置工作目录。选择 "文件" | "设置工作目录"命令，在弹出的对话框中选择配套光盘中"2" | "2-1-3" | "unfinished"文件夹，单击"确定"按钮，完成工作目录的设置。

(2) 选择"文件" | "新建"命令，在弹出的"新建"对话框中，在"类型"选项组中选择"制造"单选按钮，"子类型"选项组中选择"模具型腔"单选按钮，在"名称"文本框中输入"mfg0001_mold"，取消勾选"使用缺省模板"复选框，单击"确定"按钮。在弹出的"新文件选项"对话框中选择"mmns_mfg_mold"模板，单击"确定"按钮进入模具设计界面。

(3) 在菜单管理器中，选择"模具模型" | "定位参照零件"命令，弹出"布局"对话框，如图 2.15 所示。

(4) 单击"布局"对话框中的"打开"按钮 ，弹出"打开"对话框，选择目标模型"fib.prt"，单击"打开"按钮，弹出"创建参照模型"对话框，如图 2.16 所示。

(5) 采用默认设置，直接单击"确定"按钮，回到"布局"对话框，单击"布局起点"按钮 ，选择绘图区中的参考坐标系 MOLD_DEF_CSYS，在"布局"对话框下方的"布局"选项组中选择"矩形"单选按钮，在"布局"对话框下方出现"矩形"选项组。在"矩形"选项组中设置型腔数目 X 为"2"、Y 为"2"，增量 X 为"50"、Y 为"50"，如图 2.17 所示。

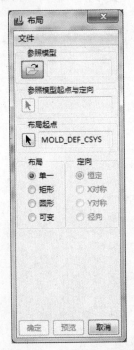

图 2.15　"布局"对话框

图 2.16　"创建参照模型"对话框

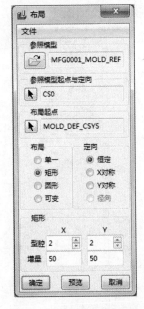

图 2.17　"布局"对话框

(6) 单击"预览"按钮查看载入的参照模型，如图 2.18 所示。

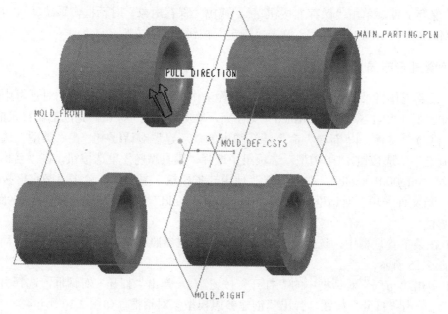

图 2.18 预览载入的参照模型

（7）可以看出参照模型的拔模方向"PULL DIRECTION"错误。单击"参照模型起点与定向"按钮 ，弹出"参照模型"对话框，并打开菜单管理器，选择菜单管理器中的"动态"选项，弹出"参照模型方向"对话框。在该对话框中的"坐标系移动/定向"选项组中选择"旋转"选项，在"轴"选项组中选择"Y"选项，在"数值"文本框中输入"90"，如图 2.19 所示。

（8）单击"确定"按钮，回到"布局"对话框，如图 2.20 所示。单击"预览"按钮，参照模型如图 2.21 所示，单击"确定"按钮完成矩形布局的创建。

图 2.19 "参照模型方向"对话框

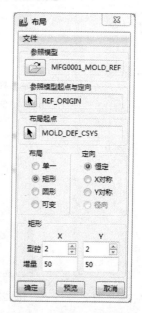

图 2.20 "布局"对话框

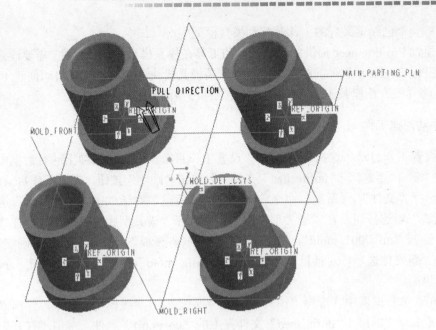

图 2.21　预览参照模型

（9）保存文件。单击"保存"按钮 🔲，弹出"保存对象"对话框，系统默认的文件名称为"MFG0001_MOLD.ASM"，单击"确定"按钮，保存文件。

2.1.4　多件模布局

多件模一般是指把有一定关系的两个或两个以上不同类型的产品模型装配到同一套模具中，这样不但能节省模具材料的成本，还可以提高模具设计的效率，因此在实际的模具设计中应用非常广泛，特别是一些上下盖类型的产品。但需要注意的是设计多件模时，产品与产品之间的尺寸最好不要相差太远。具体操作过程与上述方法类似。

2.2　创 建 工 件

工件也称为坯料模型，代表直接参与熔融材料成型的模具元件的整体体积，其包围所有的参照模型，还包括模穴、浇口、流道和冒口等型腔特征，模具元件是由分型面和参照模型分割模具工件而得到的。工件可以是由 A 板和 B 板装配的组件，带有多个嵌件，或只带有一个被分割成多个元件的嵌件。

工件可以采用标准的整体尺寸以适应标准基础，或者进行定制来容纳设计模型。如果工件是预先存在的零件，可将其添加到模具或铸造组件中，或直接在模具或铸造组件中创建工件或夹模器。如果在模具或铸造组件中创建工件或夹模器，工件或夹模器会自动使用与参照模型相同的精度。在没有先创建组件基准的情况下，不能将工件或夹模器创建为组件的第一个元件。

工件是模具设计中的工作对象，它是所有模具元件和成型产品的体积之和。在 Pro/Engineer 模具设计中添加工件的方法有以下两种。

(1) 将一个已经定义好的工件装配到模具模型中。

(2) 通过 Pro/Engineer 提供的手动或自动工具在模具模型中创建工件。需要注意的是如果在安装 Pro/Engineer 软件的时候没有选择安装模具模块，那么就不能自动创建工件。

下面将详细介绍模具工件的相关知识及工件模型的创建方法。

2.2.1　手动创建工件

(1) 设置工作目录。选择"文件"|"设置工作目录"命令，在弹出的对话框中选择配套光盘中"2"|"2-2-1"|"unfinished"文件夹，单击"确定"按钮，完成工作目录的设置。

(2) 选择"文件"|"新建"命令，在弹出的"新建"对话框中，在"类型"选项组中选择"制造"单选按钮，在"子类型"选项组中选择"模具型腔"单选按钮，在"名称"文本框中输入"mfg0001_mold"，取消勾选"使用缺省模板"复选框，单击"确定"按钮。在弹出的"新文件选项"对话框中选择"mmns_mfg_mold"模板，单击"确定"按钮进入模具设计界面。

(3) 在菜单管理器中，选择"模具模型"|"装配"|"参照模型"命令，弹出"打开"对话框，选择"2-2-1"|"unfinished"文件夹中的"cover.prt"零件，单击"打开"按钮，系统在绘图区打开参照模型，同时打开"放置"操作面板，如图 2.22 所示。

(4) 可以看出拔模方向错误，选择参照模型的 TOP 基准面和 MAIN_PARTING_PLN 基准面，在"约束类型"选项组中选择"匹配"选项，选择参照模型的 RIGNT 基准面和 MOLD_RIGHT 基准面，在"约束类型"选项组中选择"对齐"选项，然后选择参照模型的 FRONT 基准面和 MOLD_FRONT 基准面，在"约束类型"选项组中选择"匹配"选项，参照模型被完全约束，如图 2.23 所示，单击"确定"按钮，弹出"创建参照模型"对话框，如图 2.24 所示，单击"确定"按钮。

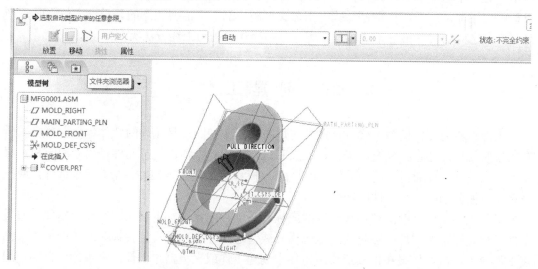

图 2.22　装配参照模型

(5) 在菜单管理器中选择"模具模型"|"创建"|"工件"|"手动"命令，弹出"元件创建"对话框，修改名称为"MFG0001_MOLD_WRK"，如图 2.25 所示。

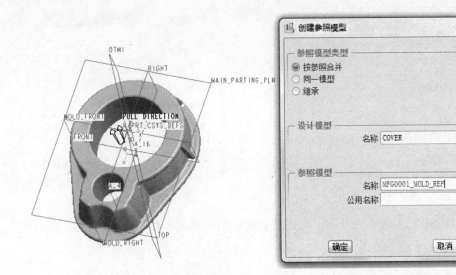

图 2.23 参照模型被完全约束　　　　图 2.24 "创建参照模型"对话框

图 2.25 "元件创建"对话框

(6) 单击"确定"按钮，弹出"创建选项"对话框，选中"创建特征"单选按钮，如图 2.26 所示，单击"确定"按钮，模型树中生成"MFG0001_MOLD_WRK.PRT"零件。

注：在"创建选项"对话框中一共有 4 种创建方法。复制现有：从一个已经存在的文件复制工件，常用指定的模板文件作为复制的文件。定位缺省标准：要求利用指定的参考基准将创建的工件装配到模型文件中。空：建立一个不包含任何初始几何元素的元件。创建特征：使用现有的参照创建一个不具备任何装配关系的新文件。

(7) 在菜单管理器中选择"实体"|"加材料"命令，再选择菜单管理器中的"拉伸"|"实体"|"完成"命令，打开"拉伸"操作面板。

(8) 单击操作面板中的"放置"按钮，打开下拉面板，单击"定义"按钮，弹出"草绘"对话框，选择 MOLD_RIGHT 基准平面作为草绘平面，MAIN_PARTING_PLN 基准平面作为参照，方向为"顶"，如图 2.27 所示，单击"确定"按钮。

(9) 弹出"参照"对话框，选择 MOLD_FRONT 和 MAIN_PARTING_PLN 基准平面作为参照，单击"关闭"按钮退出"参照"对话框。

图 2.26 "创建选项"对话框

图 2.27 "草绘"对话框

(10) 草绘如图 2.28 所示的草图,单击工具栏中的"确定"按钮,退出草绘模式。

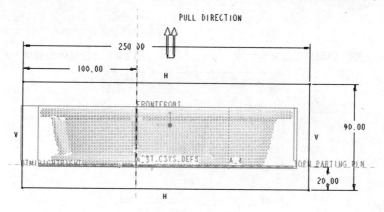

图 2.28 草图

(11) 在操作面板中单击"拉伸"按钮 ⊟,拉伸长度为 200,如图 2.29 所示,单击"确定"按钮,完成工件的创建。

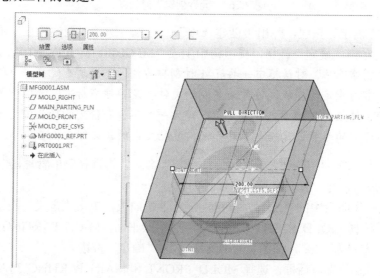

图 2.29 拉伸设置

(12) 选择菜单管理器中的"完成/返回"命令，创建的工件如图 2.30 所示。

(13) 保存文件。单击"保存"按钮 □，弹出"保存对象"对话框，系统默认的文件名称为"MFG0001_MOLD.ASM"，单击"确定"按钮，保存文件。

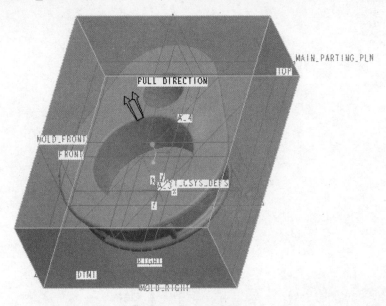

图 2.30　创建的工件

2.2.2　自动创建工件

除了可以手动创建工件以外，还能根据参照模型的最大轮廓尺寸和位置自动创建工件。

(1) 设置工作目录。选择 "文件" | "设置工作目录"命令，在弹出的对话框中选择配套光盘中"2" | "2-2-2" | "unfinished"文件夹，单击"确定"按钮，完成工作目录的设置。

(2) 选择"文件" | "新建"命令，在弹出的"新建"对话框中，在"类型"选项组中选择"制造"单选按钮，在"子类型"选项组中选择"模具型腔"单选按钮，在"名称"文本框中输入"mfg0001_mold"，取消勾选"使用缺省模板"复选框，单击"确定"按钮。在弹出的"新文件选项"对话框中选择"mmns_mfg_mold"模板，单击"确定"按钮进入模具设计界面。

(3) 在菜单管理器中，选择"模具模型" | "装配" | "参照模型"命令，弹出"打开"对话框，选择"2-2-2" | "unfinished"文件夹中的"cover.prt"零件，单击"打开"按钮，在绘图区打开参照模型，同时打开"放置"操作面板，如图 2.31 所示。

(4) 可以看出拔模方向错误，选择参照模型的 TOP 基准面和 MAIN_PARTING_PLN 基准面，在"约束类型"选项组中选择"匹配"选项，选择参照模型的 RIGNT 基准面和 MOLD_RIGHT 基准面，在"约束类型"选项组中选择"对齐"选项，然后选择参照模型的 FRONT 基准面和 MOLD_FRONT 基准面，在"约束类型"选项组中选择"匹配"选项，参照模型被完全约束，如图 2.32 所示，单击"确定"按钮，同时弹出"创建参照模型"对话框，如图 2.33 所示，单击"确定"按钮。

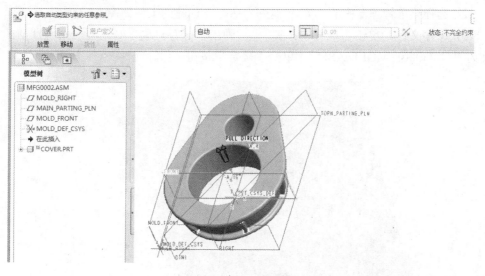

图 2.31　装配参照模型

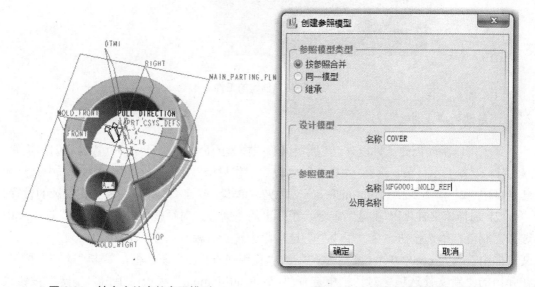

图 2.32　被完全约束的参照模型　　　　图 2.33　"创建参照模型"对话框

(5) 在菜单管理器中选择"模具模型"|"创建"|"工件"|"自动"命令，弹出"自动工件"对话框，单击"模具原点"选项组中的按钮 ![按钮]，然后在绘图区选择坐标系 MOLD_DEF_CSYS 作为模具原点，在"统一偏距"文本框中输入"20"，其他采用默认设置，如图 2.34 所示。

注：在"自动工件"对话框中的"形状"选项组有 3 个工件形状可选择，其中 ![图标] 是工件默认形状，表示标准的矩形形状。![图标] 表示标准倒圆角形状。![图标] 表示自定义形状。在"单位"下拉列表框中的单位制，默认情况下与模具模型所采用的单位制一致。

(6) 单击"预览"按钮查看参照模型生成的工件，如图 2.35 所示，如果尺寸不合适可以修改偏移。单击"确定"按钮完成工件的自动创建。

图 2.34　"自动工件"对话框

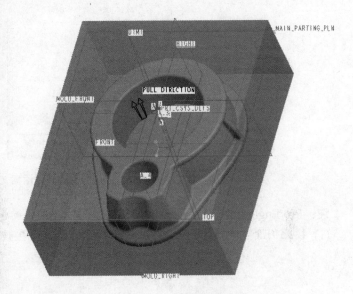

图 2.35　预览生成的工件

(7) 选择菜单管理器中的"完成/返回"命令,单击"保存"按钮，弹出"保存对象"对话框,系统默认的文件名称为"MFG0001_MOLD.ASM",单击"确定"按钮,保存文件。

2.3　模具收缩率的设置

铸造参照模型之前,必须考虑材料的收缩率并按比例增加参照模型的尺寸。因为注塑成型是一个高温高压的过程,塑料粉末融化成液体通过高压注入模具型腔,经过一定的保压时间使产品成型,脱模后冷却到室温时会出现尺寸发生缩小的特性,即收缩性。收缩性的大小用单位长度塑件收缩量长度的百分比表示,即收缩率。为了使成型产品的尺寸最终能与设计尺寸相同,必须在模具设计之前根据不同的材料及其他影响因素来设置收缩率。下面通过一个实例来说明模具收缩率的设置过程。

(1) 利用 2.2.2 节中的文件设置收缩率。单击"打开"按钮，打开配套光盘中"2" |"2-3" | "finished" | "mfg0001_mold"文件。

(2) 选择菜单管理器中的"收缩"|"按比例收缩"命令，弹出"按比例收缩"对话框，公式选用"1+S"，单击"坐标系"选项组中的 ▶ 按钮，然后在绘图区选择坐标系 MOLD_DEF_CSYS，弹出"警告"对话框，单击"警告"对话框中的"确定"按钮。在"收缩率"文本框输入"0.005"，其他采用默认设置，如图 2.36 所示。

图 2.36 "按比例收缩"对话框

注：Pro/Engineer 提供了按比例和按尺寸两种设置收缩率的方法。

(1) 按比例设置收缩率。"按比例收缩"对话框如图 2.37 所示。

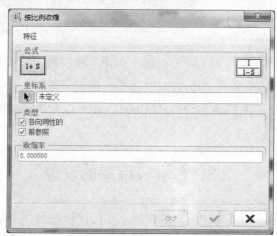

图 2.37 "按比例收缩"对话框

如果想对于某个坐标系按比例收缩零件几何，可分别指定 X、Y、Z 坐标的不同收缩率。如果在"模具"模式下应用收缩，则它仅用于参照模型而不影响设计模型。所以，设计模型的尺寸不会受到影响。

如果在模具模型装配中装配了多个参照模型，系统将提示指定要应用收缩的模型，组件偏距也被收缩。

　　如果在"零件"模块中将按比例收缩应用到设计模型，则"收缩"特性属于设计模型，而不属于参照模型。收缩被参照模型几何精确地反映出来，但不能在"模具"或"铸造"模式中清楚地反映。

　　按比例收缩的应用应先于分型曲面或体积块的定义。

　　按比例收缩影响零件几何以及基本特征。

　　(2) 按尺寸设置收缩率。"按尺寸收缩"对话框如图 2.38 所示。

图 2.38　"按尺寸收缩"对话框

　　按尺寸收缩允许为所有模型尺寸设置一个收缩系数，也可以为个别尺寸指定收缩系数，可选择将收缩应用到设计模型中，而采用按比例收缩，收缩率只会应用到参照模型中，不会应用到设计模型中。

　　Pro/Engineer 提供了两种公式计算收缩率 S(S 为收缩率)。

　　(1) 公式 1+S：基于零件原始几何指定预先计算的收缩率，此为默认设置。

　　(2) 公式 1/(1-S)：应用收缩后，基于零件的生成几何指定收缩率。

　　需要注意：如果指定收缩率，则修改公式会引起所有尺寸值或缩放值的更新。例如，用初始公式 1+S 定义了按尺寸收缩，如果将此公式改为 1/(1-S)，系统将提示确认或取消修改；如果确认更改，则在已按尺寸应用了收缩的情况下，必须从第一个受影响的特征再生模型。在前面的公式中，如果 S 值为正值，模型将产生放大效果，反之，效果相反。

　　(3) 单击"确定"按钮，完成收缩率的设置。

　　(4) 选择菜单管理器中的"收缩信息"命令，打开"信息窗口"窗口，如图 2.39 所示。可以看出收缩率设置成功。

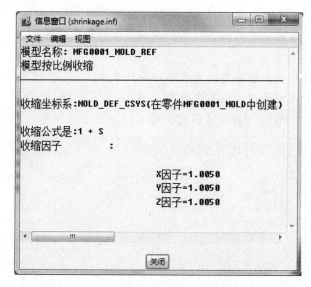

图 2.39   "信息窗口"窗口

(5) 选择菜单管理器中的"完成/返回"命令，单击"保存"按钮 ，弹出"保存对象"对话框，系统默认的文件名称为"MFG0001_MOLD.ASM"，单击"确定"按钮，保存文件。

2.4   型腔布局实例

前面章节介绍了模具型腔布局和收缩率的知识，下面通过一个实例来介绍上述知识的综合应用。

(1) 设置工作目录。选择"文件"|"设置工作目录"命令，在弹出的对话框中选择配套光盘中"2"|"2-4"|"unfinished"文件夹，单击"确定"按钮，完成工作目录的设置。

(2) 选择"文件"|"新建"命令，在弹出的"新建"对话框中，在"类型"选项组中选择"制造"单选按钮，在"子类型"选项组中选择"模具型腔"单选按钮，在"名称"文本框中输入"mfg0001_mold"，取消勾选"使用缺省模板"复选框，单击"确定"按钮。在弹出的"新文件选项"对话框中选择"mmns_mfg_mold"模板，单击"确定"按钮进入模具设计界面。

(3) 在菜单管理器中，选择"模具模型"|"装配"|"参照模型"命令，弹出"打开"对话框，选择"2-4"|"unfinished"文件夹中的"box.prt"零件，单击"打开"按钮，在绘图区打开参照模型，同时打开"放置"操作面板，如图 2.40 所示。选择"缺省"放置方式，实现完全约束。

单击"放置"操作面板中的"确定"按钮，弹出"创建参照模型"对话框，选择"按参照合并"单选按钮，其他采用默认设置，单击"确定"按钮完成参照模型的装配，如图 2.41 所示。

(4) 在菜单管理器中选择"模具模型"|"创建"|"工件"|"自动"命令，弹出"自动工件"对话框，单击"模具原点"选项组中的   按钮，然后在绘图区选择坐标系 MOLD_DEF_

CSYS 作为模具原点，在"统一偏距"文本框中输入"20.000000"，其他采用默认设置，如图 2.42 所示。

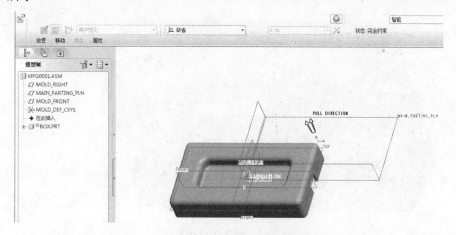

图 2.40　装配参照模型

图 2.41　"创建参照模型"对话框

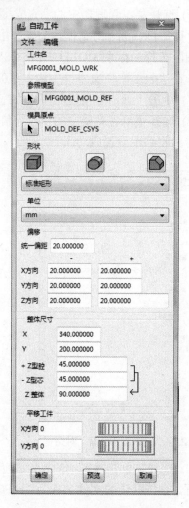

图 2.42　"自动工件"对话框

（5）单击"预览"按钮查看参照模型生成的工件，如图 2.43 所示，如果尺寸不合适可以修改偏移。单击"确定"按钮完成工件的自动创建。

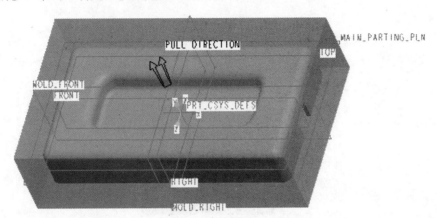

图 2.43 预览生成的工件

（6）选择菜单管理器中的"完成/返回"命令。然后选择"收缩"|"按比例收缩"命令，弹出"按比例收缩"对话框，公式选用"1+S"，单击"坐标系"选项组中的 按钮，然后在绘图区选择坐标系 MOLD_DEF_CSYS，弹出"警告"对话框，单击该对话框中的"确定"按钮。在"收缩率"文本框中输入"0.005"，其他采用默认设置，如图 2.44 所示。

（7）单击"确定"按钮，完成收缩率的设置。

（8）选择菜单管理器中的"收缩信息"命令，打开"信息窗口"窗口，如图 2.45 所示。可以看出收缩率设置成功。

图 2.44 "按比例收缩"对话框

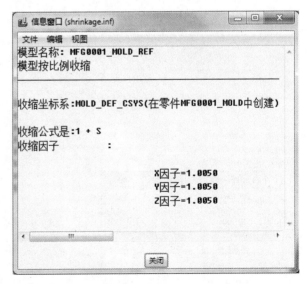

图 2.45 "信息窗口"窗口

（9）选择菜单管理器中的"完成/返回"命令，单击"保存"按钮 ，弹出"保存对象"对话框，系统默认的文件名称为"MFG0001_MOLD.ASM"，单击"确定"按钮，保存文件。

本 章 小 结

本章介绍了模具设计的前期预处理过程、模具型腔布局及如何向模具中添加工件模型和设置模型收缩率等内容。模具设计的前期准备是模具设计必不可少的重要步骤之一，认真进行各项操作是后期模具设计过程得以顺利进行的必要保障。

参照模型布局提供了自动化的装配方式，该模式提供了一种在特定模具环境中以圆形、矩形、阵列等方式排列参照模型的快捷方法，在模具布局中可以方便地创建、添加、重定位参照模型。读者还可以创建自定义的布局规则库保存在磁盘中以备检索和调用。

模具收缩率的设置也是一个十分专业的问题，在 Pro/Engineer 软件中的应用只是非常普通的一方面，关键还是要在实际生产中根据不同材料的性质和模型尺寸选用合适的收缩率，只有这样才能使成型产品符合设计尺寸，达到精度要求。要设计一套既能保证产品质量，又能最大限度降低模具和铸件成本的完美模具，需要设计人员综合考虑模具设计和制造的各方面知识和内容，积累丰富的经验。

本章最后通过一个实例，介绍了所学知识的综合应用。实例中的具体操作都是十分实用的，也是模具设计必不可少的组成部分。希望读者多学多练，力求全面掌握本章内容。

习　　题

1. 使用多腔模的方法装配模型并根据模型创建工件，效果如图 2.46 所示。

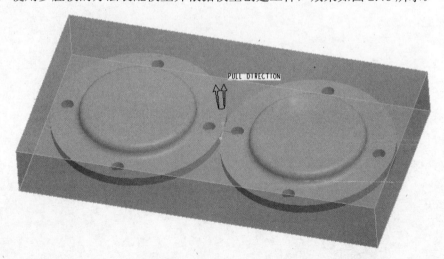

图 2.46　习题 1 参照模型和工件

要求如下：

(1) 在模具模型中装配两个零件。

(2) 使用自动模式或手动模式根据模型大小创建工件。

2. 综合应用本章知识完成模具型腔布局，如图 2.47 所示。

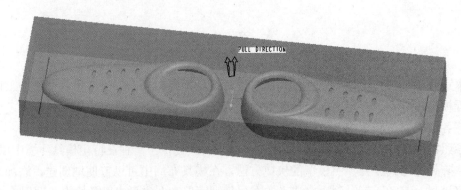

图 2.47　习题 2 参照模型和工件

要求如下：

(1) 创建模具各项基准。

(2) 把创建的基准装配到模具模型中。

(3) 根据模型的形状大小手动创建工件。

(4) 设置收缩因子均为 0.005。

第 **3** 章

Pro/Engineer Wildfire 5.0
模具分型面设计

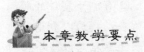 本章教学要点

知识要点	掌握程度	相关知识
模具分型面设计	了解模具分型面； 掌握模具分型面的创建方法； 掌握模具分型面的编辑； 掌握模具分型面的设计	模具分型面； 拉伸、平整、阴影、复制和裙边分型面创建； 延伸、合并分型面； 模具分型面设计实例

导入案例

模具分型面设计及编辑

各种模具都需要通过分型面分割工件打开模具，分型面既是模具设计的术语，也是 Pro/Engineer 中的一种曲面特征，如图 3.01 所示。分型面的位置选择与形状设计是

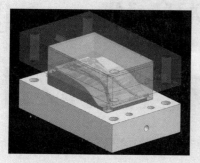

否合理，不仅直接关系到模具的复杂程度，也关系着模具成型零件的质量、模具的工作状态和操作的方便程度，因此分型面的设计是模具设计中最重要的一步。

分型面的设计原则：①应使模具结构尽量简单，如避免或减少侧向分型，采用异型分型面减少动、定模的修配以降低加工难度等；②有利于塑件的顺利脱模，如开模后尽量使塑件留在动模边以利用注塑机上的顶出机构，避免侧向长距离抽芯以减小模

图 3.01　模具分型面示例

具尺寸等；③保证塑件的尺寸精度，如尽量把有尺寸精度要求的部分设在同一模块上以减小制造和装配误差等；④不影响塑件的外观质量，在分型面处不可避免地出现飞边，因此应避免在外观光滑面上设计分型面；⑤保证型腔的顺利排气，如分型面尽可能与最后充填满的型腔表壁重合，以利于型腔排气。

3.1　模具分型面简介

Pro/Engineer Wildfire 5.0 分型面是将一系列普通的曲面特征通过修剪、合并或其他操作而合成的一个曲面面组，它是一种功能强大的曲面特征，在组件中创建，并作为特征显示在模型树上，因为合并的曲面会与其相连，因此分型面是任何附属曲面片的父特征。

在模具设计中，通过各种曲面操作方法创建分型面，目的是用分型面分割工件，所以完成的分型面必须与工件完全相交，这样才能成功分割工件并生成体积块，最后抽取模具元件以及铸模。需要进行多次分型的模具，应当存在多个分型面，并且考虑各个分型面分割工件的次序。

需要注意的是，分型面很多情况下都是由多个曲面组成的面组，所以必须将所创建的曲面合并成一个面组，这样才能用于分割。但是，分型面自身不能相交，即同一分型面不能自交叠，Pro/Engineer Wildfire 5.0 提供了分型面自交叠的检测工具。

综上所述，分型面必须满足以下两个条件：

(1) 分型面必须与工件或模具体积块完全相交。完全相交可以理解为充分相交，而非恰好相交。

(2) 分型面自身不能相交，即同一分型面不能自交叠。

3.2　模具分型面创建方法

在 Pro/Engineer 的模具设计中，创建分型面与创建一般曲面特征没有本质的区别，一般分型面创建方法包括拉伸法、填充法及复制延伸法等。其操作方法一般为选择主菜单"插入"|"模具几何"|"分型曲面"命令，或者直接单击工具栏上的"分型曲面工具"按钮 ⬚ 进入分型面的创建界面。

3.2.1　拉伸分型面

下面举例说明采用拉伸法设计分型面的一般方法和操作过程。

1．打开模具模型

单击"打开"按钮 📂，弹出"文件打开"对话框，选择配套光盘中"3"|"3-2"|"3-2-1"|"unfinished"|"mfg_zhui.mfg"文件，单击对话框中的"打开"按钮，模型如图 3.1 所示。

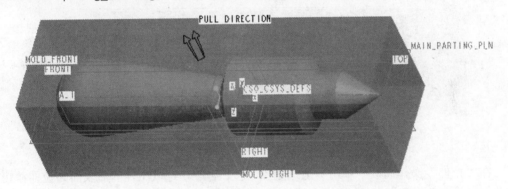

图 3.1　初始模型

2．创建分型面

单击绘图区域右侧"分型曲面工具"按钮 ⬚，进入分型面的创建模式，再单击"拉伸"按钮 🗗，在绘图区上方打开"拉伸"操作面板，单击操作面板中的"放置"按钮，在弹出的"草绘"下拉面板中单击"定义"按钮，选择工件的前侧面作为草绘平面，下表面作为参照平面，方向为"底部"，如图 3.2 所示。单击"草绘"对话框中的"草绘"按钮进入草绘界面。

弹出"参照"对话框，选择模型中的 MOLD_RIGHT 和 MAIN_PARTING_PLN 基准平面作为参考，如图 3.3 所示，单击"关闭"按钮退出"参照"对话框。单击工具栏中的"通过边创建图元"按钮 ⬚，选取工件的左右两条竖直边界作为参考，单击鼠标中键确认，然后删除这两条直线边。以这两条直线边作为参考边界，在与 MAIN_PARTING_PLN 基准平面重合处草绘如图 3.4 所示的一条水平直线，单击 ✔ 按钮完成草图的绘制。

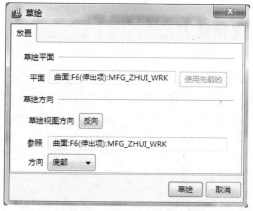

图 3.2 "草绘"对话框

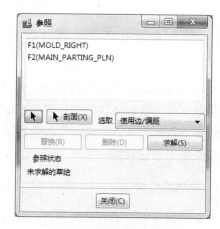

图 3.3 "参照"对话框

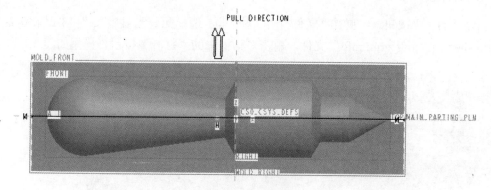

图 3.4 绘制草图

在"拉伸"操作面板中单击"至选定项"按钮，选取工件的后表面为拉伸截止参照曲面，单击操作面板中的按钮，再单击绘图区域右侧的按钮确定分型面的创建，最终结果如图 3.5 所示。

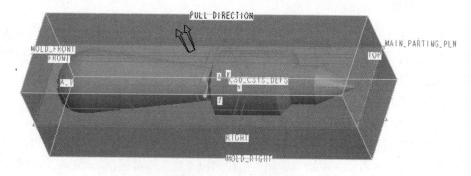

图 3.5 拉伸分型面结果

3. 保存文件

单击"保存"按钮，弹出"保存对象"对话框，系统默认的文件名称为"MFG_ZHUI.ASM"，单击"确定"按钮，保存文件。

3.2.2 平整分型面

平整分型面是在草绘平面上通过草绘曲面边界来创建一个有界的填充曲面，其创建方法与零件建模中的填充曲面创建方法不同。

1. 打开模具模型

单击"打开"按钮 📂，弹出"文件打开"对话框，选择配套光盘中"3"|"3-2"|"3-2-2" |"unfinished"|"mfg_zhui.mfg"文件，单击对话框中的"打开"按钮。

2. 创建分型面

单击绘图区域右侧"分形曲面工具"按钮 🗀，进入分型面创建界面，再选择主菜单中的"编辑"|"填充"命令，在绘图区上方打开"填充"操作面板，单击"参照"按钮，打开下拉面板，单击"定义"按钮，弹出"草绘"对话框，选择 MAIN_PARTING_PLN 基准平面作为草绘平面，MOLD_RIGHT 基准平面作为参照平面，方向为"右"，如图 3.6 所示。单击"草绘"对话框中的"草绘"按钮进入草绘界面。

图 3.6 "草绘"对话框

单击工具栏中的"通过边创建图元"按钮 ▢，选取工件的 4 条边界作为参考，单击鼠标中键确认。使用系统默认选取的参照，提取工件截面的边缘作为草绘图形，如图 3.7 所示。单击工具栏上的 ✔ 按钮完成草图的绘制。

图 3.7 草绘截面

单击"填充"操作面板中的 ✔ 按钮完成平整分型面的创建。单击绘图区域右侧的 ✔ 按钮确定分型面的创建，效果如图 3.8 所示。

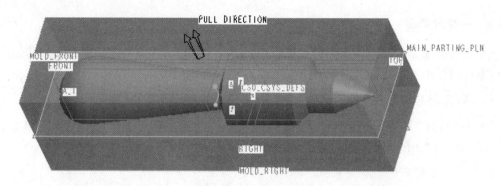

图 3.8 平整分型面

3．保存文件

单击"保存"按钮 🔲，弹出"保存对象"对话框，系统默认的文件名称为"MFG_ZHUI.ASM"，单击"确定"按钮，保存文件。

3.2.3 阴影分型面

阴影分型面也称为着色分型面，是参照模型沿着某个方向投影，没有被参照模型遮挡的且不超过工件范围的部分形成的投影曲面。

1．打开模具模型

单击"打开"按钮 📂，弹出"文件打开"对话框，选择配套光盘中"3"|"3-2"|"3-2-3"|"unfinished"|"mfg_cap.mfg"文件，单击对话框中的"打开"按钮。

2．创建分型面

单击绘图区域右侧"分型曲面工具"按钮 🔲，进入分型面创建界面，再选择主菜单中"编辑"|"阴影曲面"命令，弹出"阴影曲面"对话框，如图 3.9 所示，同时在绘制区域模型上出现箭头，表示投影方向，如图 3.10 所示。

图 3.9 "阴影曲面"对话框

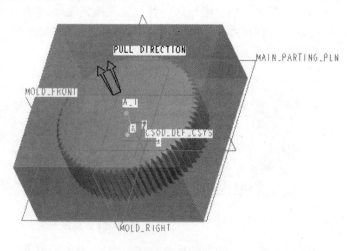

图 3.10 投影方向

单击"阴影曲面"对话框中的"预览"按钮，没有阴影曲面生成。选择"阴影曲面"对话框中的"关闭平面"选项，再单击对话框中的"定义"按钮，然后选取模型中的 MAIN_PARTING_PLN 基准平面作为投影平面，单击鼠标中键确认。再次单击"阴影曲面"对话框中的"预览"按钮，有阴影曲面生成。然后单击对话框中的"确定"按钮，完成阴影曲面的创建，单击绘图区域右侧工具栏中的 ✓ 按钮，确定分型面的创建，如图 3.11 所示。

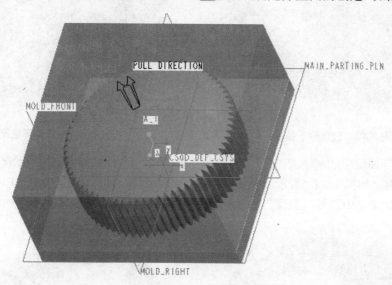

图 3.11 阴影分型面

3. 保存文件

单击"保存"按钮 🖫，弹出"保存对象"对话框，系统默认的文件名称为"MFG_CAP. ASM"，单击"确定"按钮，保存文件。

3.2.4 复制分型面

复制分型面是通过复制已有的曲面或者实体表面而生成的曲面，经常用于复制参照模型的表面作为分型面，创建方法与零件建模中的复制曲面方法相同。

1. 打开模具模型

单击"打开"按钮 🖾，弹出"文件打开"对话框，选择配套光盘中"3"|"3-2"|"3-2-4"| "unfinished"|"mfg_cap.mfg"文件，单击对话框中的"打开"按钮。

2. 创建分型面

单击绘图区域右侧工具栏中的"分型曲面工具"按钮 ◻，进入分型面的创建界面，用鼠标右键单击模型树中的"MFG_CAP_WPK.PRT"零件，在弹出的快捷菜单中选择"隐藏"选项，将工件暂时隐藏。选择"过滤器"下拉列表中的"几何"选项，选取需要复制曲面的种子曲面，如图 3.12 所示。按 Ctrl+C 键复制选取的曲面，再按 Ctrl+V 键粘贴复制的曲面。打开"复制粘贴"操作面板，然后将参考模型反转，按住 Shift 键，选取下端面作为边界曲面，如图 3.13 所示，选中参照模型的整个外表面。

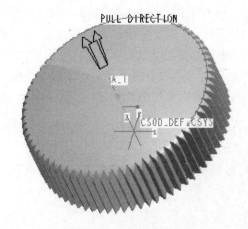

图 3.12　选取种子曲面

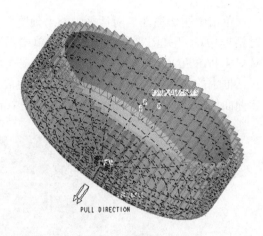

图 3.13　选取边界曲面

单击操作面板中的✓按钮完成曲面复制，单击绘图区域右侧工具栏中的✓按钮，完成分型面的创建，如图 3.14(a)所示。用鼠标右键单击模型树中的"MFG_CAP_REF.PRT"零件，在弹出的快捷菜单中选择"隐藏"选项，隐藏参照模型后的复制分型面如图 3.14(b)所示。

(a) 显示参照模型的复制分型面

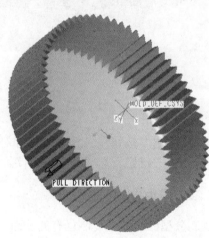

(b) 隐藏参照模型后的复制分型面

图 3.14　复制分型面

3. 保存文件

单击"保存"按钮🖫，弹出"保存对象"对话框，系统默认的文件名称为"MFG_CAP.ASM"，单击"确定"按钮，保存文件。

3.2.5　裙边分型面

裙边分型面是利用侧面影像线功能得到参照模型的最大轮廓线，然后使用裙边曲面功能使侧面影像线向四周延伸但不超过工件的曲面。这种分型面理解起来比较抽象，但往往能很容易地创建外形复杂的零件分型面，是 Pro/Engineer Wildfire 5.0 提供的功能强大的自动分模技术。

1. 打开模具模型

单击"打开"按钮 ⤤，弹出"文件打开"对话框，选择配套光盘中"3"|"3-2"|"3-2-5"|"unfinished"|"mfg_cover.mfg"文件，单击对话框中的"打开"按钮，模型如图 3.15 所示。

2. 创建分型面

单击绘图区域右侧工具栏中的"创建自动分型线"按钮 ⬭，弹出"侧面影像曲线"对话框，如图 3.16 所示。

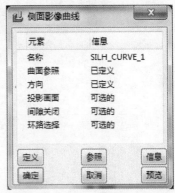

图 3.15　初始模型　　　　　　　　　　图 3.16　"侧面影像曲线"对话框

单击"侧面影像曲线"对话框中的"预览"按钮，预览效果如图 3.17 所示，可以看出预览生成的侧面影像曲线是错误的，需要重新手工选取环路。双击对话框中的"环路选择"选项，弹出"环选取"对话框，如图 3.18 所示，在"环"选项卡中选择"1 包括"选项，在"链"选项卡中单击"上部"或"下部"按钮，调整选中曲线的位置，单击对话框中的"预览"按钮，将侧面影像曲线调整为参照模型的下端边界轮廓，最后单击"确定"按钮，完成环路的选择。再单击"侧面影像曲线"对话框中的"确定"按钮完成侧面影像曲线的创建，效果如图 3.19 所示。同时，在模型树中增加了特征曲线标识 ∼ SILH_CURVE_1 。

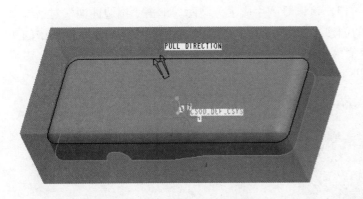

图 3.17　初始预览侧面影像曲线　　　　　图 3.18　"环选取"对话框

单击绘图区域右侧工具栏中的"分型曲面工具"按钮 ⬭，进入分型面的创建模式，再单击"群状曲线"按钮 ⬭，弹出"裙边曲面"对话框，如图 3.20 所示。同时打开如

图 3.21 所示的"链"菜单管理器，默认选中"特征曲线"选项。

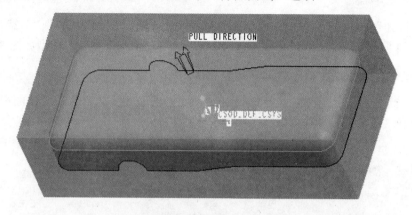

图 3.19　侧面影像曲线最终效果

图 3.20　"裙边曲面"对话框

图 3.21　"链"菜单管理器

　　单击选中创建的侧面影像曲线，选择"链"菜单管理器中的"完成"命令，单击"裙边曲面"对话框中的"预览"按钮，可以看到生成了分型面，单击"裙边曲面"对话框中的"确定"按钮完成裙边曲面的创建，如图 3.22 所示。用鼠标右键分别单击模型树中的参照模型和工件，在弹出的快捷菜单中选择"隐藏"选项，隐藏参照模型和工件后，裙边曲面如图 3.23 所示。单击绘图区域右侧工具栏上的☑按钮，完成分型面的创建。

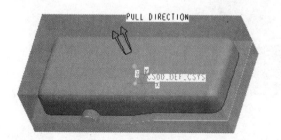

图 3.22　裙边曲面

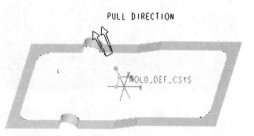

图 3.23　隐藏参照模型和工件后的裙边曲面

3. 保存文件

单击"保存"按钮 🖫，弹出"保存对象"对话框，系统默认的文件名称为"MFG_COVER. ASM"，单击"确定"按钮，保存文件。

3.3　编辑模具分型面

3.3.1　延伸分型面

延伸分型面可以将分型面的边界沿着某个方向延伸一定距离或者延伸到指定的位置。

1. 打开模具模型

单击"打开"按钮 📂，弹出"文件打开"对话框，选择配套光盘中"3"|"3-3"|"3-3-1"| "unfinished"|"mfg_cover.mfg"文件，单击对话框中的"打开"按钮，模型如图 3.24 所示。

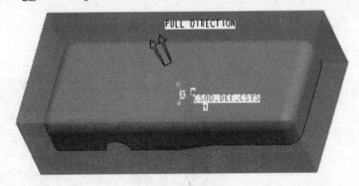

图 3.24　初始模型

2. 创建分型面

单击绘图区域右侧工具栏中的"分型曲面工具"按钮 🗔，进入分型面的创建界面，用鼠标右键单击模型树中的"MFG_COVER_WPK.PRT"零件，在弹出的快捷菜单中选择"隐藏"选项，将工件暂时隐藏。选择"过滤器"下拉列表中的"几何"选项，按住 Ctrl 键选取参照模型的外表面，按 Ctrl+C 键复制参照模型外表面，按 Ctrl+V 键粘贴参照模型外表面，打开"复制粘贴"操作面板，单击操作面板中的 ☑ 按钮，完成参照模型外表面的复制，在左边模型树中生成了"复制 1"特征 🔗复制1。用鼠标右键单击模型树中的参照模型"MFG_COVER_REF.PRT"，在弹出的快捷菜单中选择"隐藏"选项，复制的分型面如图 3.25 所示。

用鼠标右键单击模型树中的"MFG_COVER_WPK.PRT"零件，在弹出的快捷菜单中选择"取消隐藏"选项，将视图调整为标准方向。

在模型上选取所复制曲面的一条边，选择主菜单中的"编辑"|"延伸"命令，打开"延伸"操作面板，单击操作面板中的"将曲面延伸至参照平面"按钮 🗔，选择工件的右侧面作为参照平面，预览延伸效果如图 3.26 所示。单击操作面板中的 ☑ 按钮完成延伸分型面的创建。

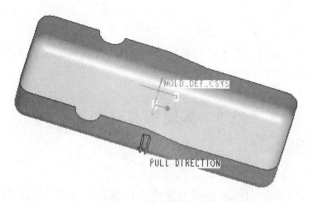

图 3.25　复制的分型面

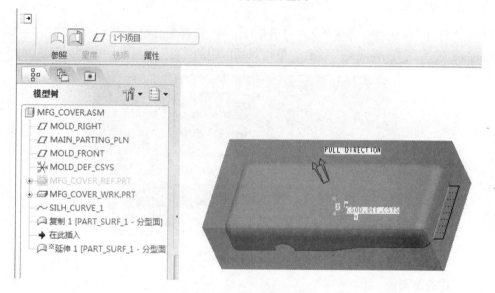

图 3.26　延伸曲面操作

　　选择延伸分型面靠近前侧面的边，如图 3.27 所示，按住 Shift 键，选择图 3.28 所示的靠近前侧面的整条边，选择主菜单中的"编辑"|"延伸"命令，打开"延伸"操作面板，单击操作面板中的"将曲面延伸至参照平面"按钮，选择工件的前侧面作为参照平面，单击操作面板中的按钮完成前侧面延伸分型面的创建，如图 3.29 所示。

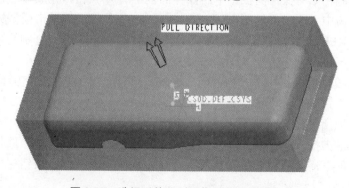

图 3.27　选择延伸分型面靠近前侧面的边

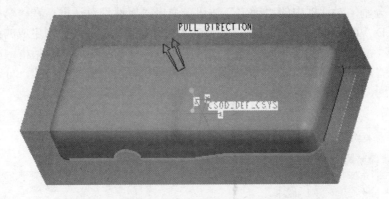

图 3.28　选择延伸分型面靠近前侧面的整条边

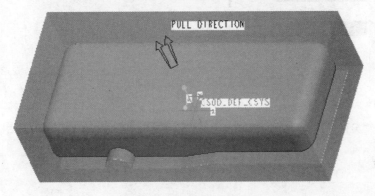

图 3.29　前侧面延伸分型面

使用同样的方法延伸曲面，完成整个分型面的延伸，最终效果如图 3.30 所示。

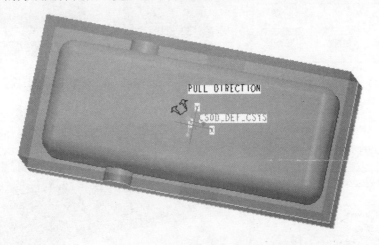

图 3.30　延伸分型面预览效果

3．分割生成体积块并开模

单击绘图区域右侧工具栏中的"体积块分割"按钮，打开"分割体积块"菜单管理器，如图 3.31 所示。系统默认选择"两个体积块"和"所有工件"选项，直接选择"完成"命令，弹出"分割"对话框，如图 3.32 所示。在绘图区选择分型面，单击鼠标中键确认。单击"分割"对话框中的"确定"按钮。弹出"属性"对话框,在"名称"文本框中输入"MOLD_VOL_tumo",如图 3.33 所示。单击"着色"按钮,分割生成的凸模如图 3.34 所示。单击"属性"对话框中的"确定"按钮,再次弹出"属性"对话框,在"名称"文本框中输入"MOLD_VOL_aomo",如图 3.35 所示。单击"着色"按钮,分割生成的凹模如图 3.36 所示。

图 3.31 "分割体积块"菜单管理器

图 3.32 "分割"对话框

图 3.33 "属性"对话框

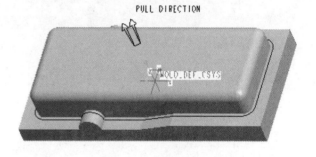

图 3.34 分割生成的凸模

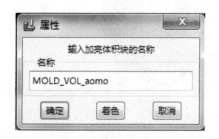

图 3.35 "属性"对话框

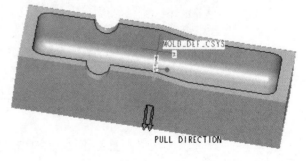

图 3.36 分割生成的凹模

4. 抽取模具元件

单击绘图区域右侧工具栏中的"型腔插入"按钮 🔌,弹出"创建模具元件"对话框,如图 3.37 所示。单击"选取全部体积块"按钮 ▤，然后单击"确定"按钮，完成模具体积块的创建。

5. 仿真开模

单击绘图区域右侧工具栏上的"模具进料孔"按钮 ⤴，选择菜单管理器中的"定义间距" | "定义移动"命令，选择"MOLD_VOL_aomo"零件，单击鼠标中键确认，单击"MOLD_VOL_aomo"零件的上表面，弹出"消息输入窗口"对话框，同时绘图区产生一个箭头，代表移动方向，输入"100"，单击 ☑ 按钮确定。再次选择菜单管理器中的"定义间距" | "定义移动"命令，选择"MOLD_VOL_tumo"零件，单击鼠标中键确认，单击"MOLD_VOL_tumo"零件的下表面，弹出"消息输入窗口"对话框，同时绘图区产生一个箭头，代表移动方向，输入"100"，单击 ☑ 按钮确定。选择菜单管理器中的"完成"命令，如图 3.38 所示。

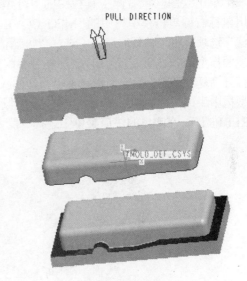

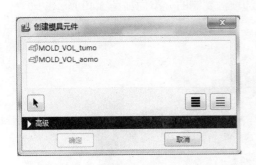

图 3.37　"创建模具元件"对话框　　　　　图 3.38　开模效果

6. 保存文件

单击"保存"按钮 🖫，弹出"保存对象"对话框，系统默认的文件名称为"MFG_COVER.ASM"，单击"确定"按钮，保存文件。

3.3.2　合并分型面

合并分型面是将两个和两个以上曲面合并成一个整体分型面。通常情况下分型面不是一个曲面就能完成的，而是通过连接或求交将几个曲面合并而成的。除了上述使用曲面延伸的方法，使用合并分型面的方法也可以创建分型面。

1. 打开模具模型

单击"打开"按钮 🗁，弹出"文件打开"对话框，选择配套光盘中"3" | "3-3" | "3-3-2" | "unfinished" | "mfg_cover.mfg"文件，单击对话框中的"打开"按钮。模型如图 3.39 所示。

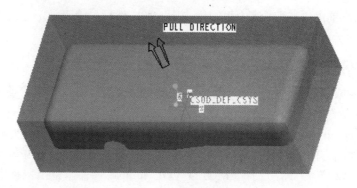

图 3.39　初始模型

2. 创建分型面

单击绘图区域右侧工具栏中的"分型曲面工具"按钮 ▢，进入分型面的创建界面，用鼠标右键单击模型树中的"MFG_COVER_WPK.PRT"零件，在弹出的快捷菜单中选择"隐藏"选项，将工件暂时隐藏。选择"过滤器"下拉列表中的"几何"选项，按住 Ctrl 键选取参照模型的外表面，按 Ctrl+C 键复制参照模型外表面，按 Ctrl+V 键粘贴参照模型外表面，打开"复制粘贴"操作面板，单击操作面板中的 ☑ 按钮，完成参照模型外表面的复制，在模型树中生成了"复制 1"特征 ⌂ 复制1 。用鼠标右键单击模型树中的参照模型"MFG_COVER_REF.PRT"，在弹出的快捷菜单中选择"隐藏"选项，复制的分型面如图 3.40 所示。

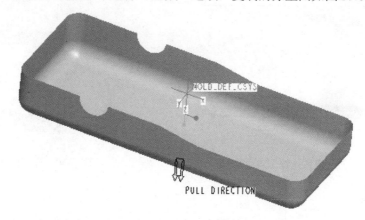

图 3.40　复制的分型面

用鼠标右键分别单击模型树中的零件"MFG_COVER_WPK.PRT"和参照模型"MFG_COVER_REF.PRT"，在弹出的快捷菜单中选择"取消隐藏"选项。

单击工具栏中的"拉伸"按钮 ⧉，打开"拉伸"操作面板，单击"放置"按钮，在下拉面板单击"定义"按钮，弹出"草绘"对话框，选择工件前侧面作为草绘平面，选择工件底面作为参照平面，方向为"底部"，如图 3.41 所示。单击"草绘"按钮进入草绘界面，弹出"参照"对话框，选择 MOLD_RIGHT 和 MAIN_PARTING_PLN 基准平面作为参照，单击"关闭"按钮关闭"参照"对话框。单击工具栏中的"通过边创建图元"按钮 ▢，选择工件的左右两条竖直边作为参考，然后将其删除。选取参照模型的下轮廓创建图元，单击"线"图标 ＼ 将左右两边连接到工件的左右两条边界，如图 3.42 所示。单击右边工具

栏中的 ✔ 按钮完成草图的绘制。单击"拉伸"操作面板中的"拉伸至参照平面"按钮 ⊥⊥，选择工件后侧面作为参照平面，单击操作面板中的 ✔ 按钮，完成拉伸曲面的创建，将其他特征隐藏，拉伸曲面如图 3.43 所示。

图 3.41　"草绘"对话框

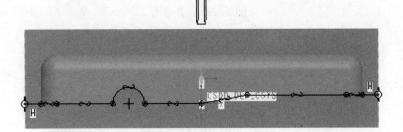

图 3.42　草图的绘制

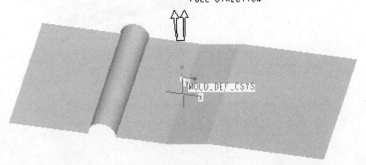

图 3.43　拉伸曲面

　　将复制的参照模型表面取消隐藏，按住 Ctrl 键选取图中的拉伸曲面和复制的曲面，单击绘图区域右侧工具栏中的"合并"按钮 ◑，打开"合并"操作面板，如图 3.44 所示，单击操作面板中的"方向"按钮 ✕，可以切换合并后需要保留的曲面部分，如图 3.45 所示。在此合并两个曲面后，预览效果如图 3.46(a)所示。最终合并分型面效果如图 3.46(b)所示。

图 3.44   "合并"操作面板

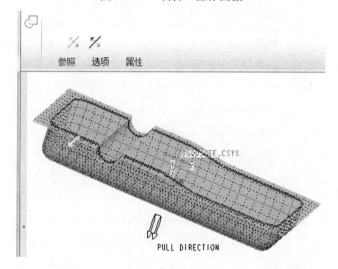

图 3.45   合并曲面

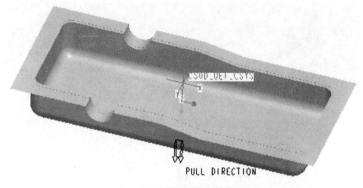

(a) 合并曲面的预览效果

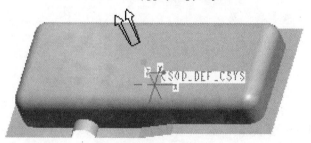

(b) 最终合并分型面效果

图 3.46   合并分型面效果

3. 保存文件

单击"保存"按钮 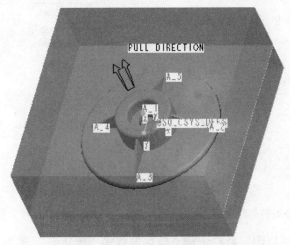，弹出"保存对象"对话框，系统默认的文件名称为"MFG_COVER. ASM"，单击"确定"按钮，保存文件。

3.4 分型面设计实例——塑料盖分型面设计

本章前面的内容介绍了分型面的创建方法与编辑方法，下面通过一个实例对本章的知识进行综合应用。本实例是设计一个塑料盖的分型面，最终结果如图 3.47 所示。

(a) 隐藏参照模型前

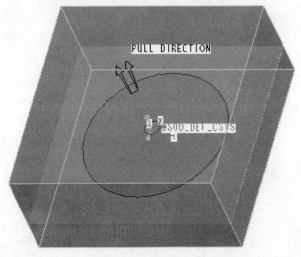

(b) 隐藏参照模型后

图 3.47　分型面效果

(1) 选择主菜单中的"文件"|"设置工作目录"命令，弹出"选择工作目录"对话框，指定工作目录为配套光盘中"3"|"3-4"|"unfinished"文件夹，单击"确定"按钮。单击

"新建"按钮 ，弹出"新建"对话框，在"类型"选项组中选择"制造"单选按钮，在"子类型"选项组中选择"模具型腔"单选按钮，在"名称"文本框中输入模具名称"mfg0001_mold"。取消勾选"使用缺省模板"复选框，单击"确定"按钮，选择"mmns_mfg_mold"模板，最后单击"确定"按钮进入模具设计界面。

(2) 在菜单管理器中选择"模具模型"|"装配"|"参照模型"命令，弹出"打开"对话框，选择"3-4"|"unfinished"文件夹中的"clip.prt"文件，单击"打开"按钮，参照模型显示在绘图区域中，同时打开"放置"操作面板，设置约束方式为"缺省"，单击操作面板中的 按钮，加载的参照模型如图 3.48 所示。同时弹出"创建参照模型"对话框，如图 3.49 所示，采用默认设置，单击"创建参照模型"对话框中的"确定"按钮。

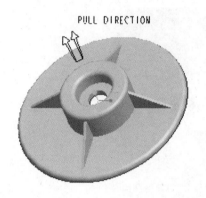

图 3.48　加载的参照模型

图 3.49　"创建参照模型"对话框

(3) 单击绘图区域右侧工具栏中的"按比例收缩"按钮 ，弹出"按比例收缩"对话框，选择 MOLD_DEF_CSYS 基准坐标系作为参照坐标系，选择收缩公式为"1+S"，输入收缩率为"0.005"，如图 3.50 所示，单击对话框中的 按钮完成收缩率的设置。选择菜单管理器中的"收缩"|"收缩信息"命令，打开"信息窗口"窗口，如图 3.51 所示。单击"关闭"按钮关闭"信息窗口"窗口。

图 3.50　"按比例收缩"对话框

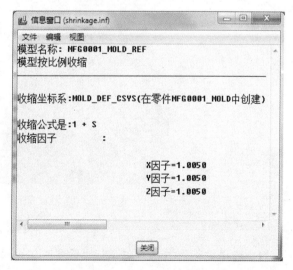

图 3.51　"信息窗口"窗口

（4）单击绘图区域右侧工具栏中的"自动工件"按钮 ，弹出"自动工件"对话框，选择绘图区中的 MOLD_DEF_CSYS 基准坐标系作为参照坐标系，选择工件形状为"标准矩形"，单位为"mm"，在"统一偏移"文本框中输入"20"，其他采用默认设置，如图 3.52 所示。单击对话框中的"确定"按钮，完成自动工件的创建，如图 3.53 所示。

（5）单击绘图区域右侧工具栏中的"创建自动分型线"按钮 ，弹出"侧面影像曲线"对话框，如图 3.54 所示。单击"侧面影像曲线"对话框中的"预览"按钮，预览结果如图 3.55 所示，预览得到的侧面影像曲线是错误的，这是因为系统默认从工件的上表面向下投影。选择"侧面影像曲线"对话框中的"方向"选项，单击"定义"按钮，选取工件的下表面作为投影光源，方向箭头指向上方，选择菜单管理器中的"正向"命令。单击"侧面影像曲线"对话框中的"确定"按钮，完成侧面影像曲线的创建，如图 3.56 所示。同时，在模型树中增加了特征曲线标识 ～ SILH_CURVE_1 。

（6）单击绘图区域右侧工具栏中的"分形曲面工具"按钮 ，进入分型面创建界面，再单击"裙状曲线"按钮 ，弹出"裙边曲面"对话框，如图 3.57 所示，同时打开"链"菜单管理器，选取上一步骤创建的特征曲线，选择菜单管理器中的"完成"命令。再单击"裙边曲面"对话框中的"确定"按钮，完成裙边曲面的创建。用鼠标右键单击模型树中的参照模型，选择"隐藏"选项隐藏参照模型，裙边曲面如图 3.58 所示。单击工具栏中的 按钮，完成分型面的创建。

图 3.52　"自动工件"对话框

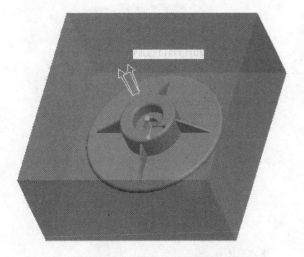

图 3.53　自动工件的创建

图 3.54　"侧面影像曲线"对话框

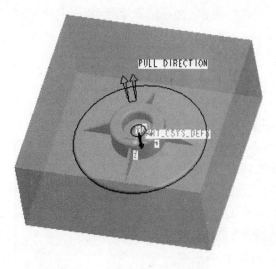

图 3.55   侧面影像曲线的预览

图 3.56   侧面影像曲线的创建

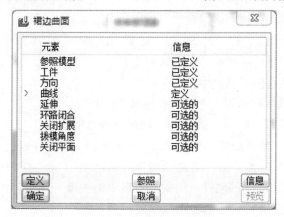

图 3.57   "裙边曲面"对话框

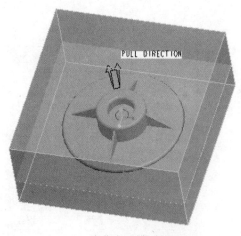

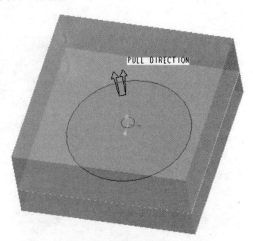

(a) 隐藏参照模型前

(b) 隐藏参照模型后

图 3.58   裙边曲面

(7) 单击"保存"按钮 📁，弹出"保存对象"对话框，系统默认的文件名称为"MFG0001_MOLD.ASM"，单击"确定"按钮，保存文件。

本 章 小 结

本章主要介绍了 Pro/Engineer Wildfire 5.0 模具设计中模具分型面的创建等相关内容，包括分型面的创建方法和编辑等。通过本章的学习，读者要熟练掌握模具分型面创建的各种方法和编辑方法，针对不同的模型，选择最佳的分型面创建方法。

分型面在模具设计过程中极其重要，它关系着模具设计的成功与否。要求读者平时多加练习，熟练掌握并积累经验，融会贯通，灵活运用。

习　　题

创建分型面并生成模具元件，效果如图 3.59 所示。

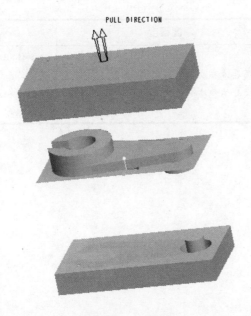

PULL DIRECTION

图 3.59　开模效果

要求如下：
(1) 针对本章给定的参照模型设计分型面。
(2) 设计模具并仿真开模。

第4章

Pro/Engineer Wildfire 5.0 模具体积块设计

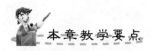 本章教学要点

知识要点	掌握程度	相关知识
模具体积块设计	熟悉模具体积块创建方法； 掌握模具体积块的设计	分割体积块； 创建体积块； 聚合体积块； 模具体积块创建

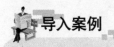

导入案例

模具体积块的设计

模具体积块是一个没有实际质量，但却占有空间的三维封闭特征，如图 4.01 所示。体积块是由一组可以被填充而形成封闭空间的曲面构成的。Pro/Engineer 提供了两种创建体积块的方法：分割法和创建法。

分割法是利用分型面来分割工件，建立模具体积块，因此这种方法速度快，但要求分型面必须正确、完整。

创建法可以参考设计模型，草绘增加或减去体积块，使体积块与参考模型相交，设定模具体积块的拔模角等，所有这些技巧允许从一开始创建体积块，而且在稍后直接单独对它进行修改。直接创建模具体积块有两

图 4.01　模具体积块示例

种不同的基本方法，聚合体积块法和经由草绘创建体积块法，两种方法可以分开也可以组合在一起创建需要的模具体积块。

4.1　模具体积块的创建

在 Pro/Engineer Wildfire 5.0 的 Pro/Moldesign 模块里进行模具设计，除了用分型面分割工件获得模具体积块以外，还可以直接设计模具体积块。模具体积块是一个没有实体材料但却占有空间的三维封闭曲面特征。与分型面方法相比不同的是，使用体积块法设计模具不需要设计分型面，直接通过体积块零件建模，就可以抽取出模具元件，实现模具元件的设计。

4.1.1　分割体积块

下面首先介绍在 Pro/Engineer 模具设计模块中，通过分型面分割体积块来得到模具体积块的具体操作步骤。

(1) 单击绘图区右侧工具栏中的"体积块分割"按钮 ⊟，打开"分割体积块"菜单管理器，如图 4.1 所示。

(2) 在打开的菜单管理器中选择"两个体积块"和"所有工件"选项，然后选择"完成"命令，弹出"分割"对话框，如图 4.2 所示。

(3) 在系统提示下选取已创建的大型芯分型面和纵向小型芯分型面，如图 4.3 所示，然后单击鼠标中键确认，弹出"属性"对话框，如图 4.4 所示。

图 4.1 "分割体积块"菜单管理器

图 4.2 "分割"对话框

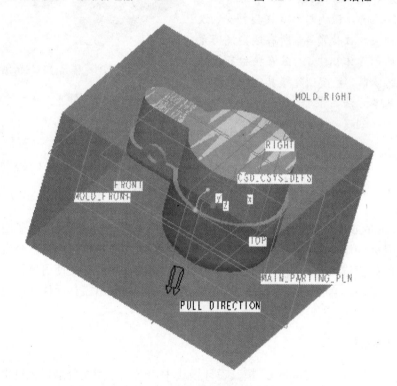

图 4.3 选取分型面

图 4.4 "属性"对话框

(4) 单击"着色"按钮，在绘图区加亮显示被分割后所留下的体积块，然后把名称改为"MOLD_VOL_AOMO"，如图 4.5 所示，单击"确定"按钮，如图 4.6 所示。

图 4.5 "属性"对话框

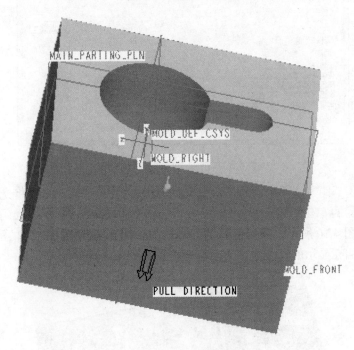

图 4.6 凹模体积块

(5) 再次弹出"属性"对话框，同样单击"着色"按钮观察加亮显示的模具元件，并在"名称"文本框中输入"MOLD_VOL_TUMO"，单击"确定"按钮。

(6) 在完成凸模和凹模分割的前提下，若还要再分割体积块，再次单击绘图区域右侧工具栏中的"体积块分割"按钮 ，打开"分割体积块"菜单管理器。选择"一个体积块"和"模具体积块"选项，然后选择"完成"命令，如图 4.7 所示，弹出"搜索工具:1"对话框，如图 4.8 所示，在"项目"列表中选择"面组：F11(MOLD_VOL_AOMO)"选项，单击 ＞＞ 按钮，将"面组：F11(MOLD_VOL_AOMO)"选项添加到右侧"项目"列表中，单击右下角的"关闭"按钮退出"搜索工具:1"对话框。

图 4.7 "分割体积块"菜单管理器

图 4.8 "搜索工具:1"对话框

(7) 在绘图区工件中选择已创建的前侧孔的分型面(若选不到，可以将光标移到侧孔附近右击进行查询，再单击进行选择)，如图 4.9 所示。选中后单击鼠标中键确认，弹出"分割"对话框，如图 4.10 所示，随后打开"岛列表"菜单管理器，如图 4.11 所示，勾选"岛2"复选框(出现加亮显示的蓝色线则表示选中区域为保留下来的元件)。

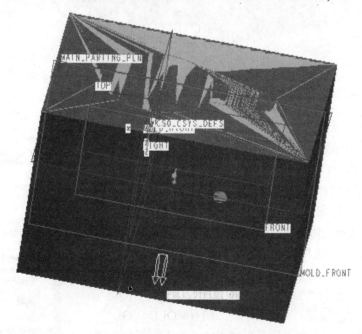

图 4.9 选取分型面

图 4.10　"分割"对话框

图 4.11　"岛列表"菜单管理器

(8) 选择菜单管理器中的"完成选取"命令，回到"分割"对话框中，单击"确定"按钮，弹出"属性"对话框，如图 4.12 所示，单击"着色"按钮，绘图区显示分割出来的模具元件，如图 4.13 所示，在"属性"对话框中输入模具元件名称，单击"确定"按钮。用同样的方法创建另一侧孔的体积块模具元件。

图 4.12　"属性"对话框

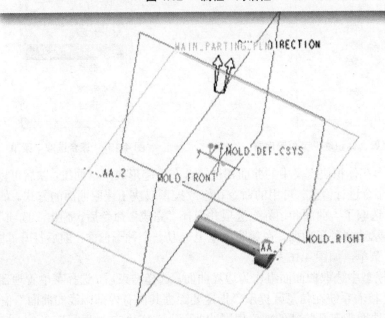

图 4.13　分割出来的模具元件

4.1.2 创建体积块

(1) 进入 Pro/Engineer 模具设计界面后，首先装配参照模型，然后创建工件，单击右边工具栏中的"模具体积块"按钮 ，进入模具体积块创建界面。

(2) 选择主菜单中的"编辑"|"收集体积块"命令，打开"聚合体积块"菜单管理器，如图 4.14 所示，在"聚合步骤"下拉菜单中默认勾选了"选取"和"封闭"两个复选框，选择"完成"命令，打开"聚合选取"菜单，如图 4.15 所示，该菜单用来选取参照模型曲面以定义体积块的基本曲面组，系统提供了两种选取参照面的方式：曲面和边界——表示选取一个曲面作为种子曲面，然后选取边界曲面，系统将所选曲面及所有相邻曲面包括在内，直到选取边界曲面为止；曲面——表示直接在参照模型上选取一组连续的曲面，系统将包含所有选中的曲面。

图 4.14 "聚合体积块"菜单管理器　　　　　图 4.15 "聚合选取"菜单

(3) 所有包含在体积块定义中的曲面都被缝合在一起形成单一面组，以后可以通过"排除"或"填充"命令进行修改，可用的命令和修改技术取决于选取曲面的方式。如果在"聚合选取"菜单中选取了"曲面和边界"选项并选择"完成"命令后，弹出"选项"对话框，同时在信息区提示选择种子曲面，在参照模型上选取一个种子曲面，随后打开"曲面边界"和"特征参考"菜单，如图 4.16 所示。

(4) 在参照模型中选取曲面面组作为边界曲面，选择结束后，选择菜单管理器中的"完成/返回"命令，接着系统在信息区提示"指定要除去其所有内部围线的曲面"信息，此时在参考模型内部选取带有孔特征的部位周围的曲面，选择"完成/返回"命令，打开"封闭环"菜单。选择其中的"定义"命令，打开"封合"菜单，此菜单提供了 3 个选项：顶平面——指定要封闭或闭合体积块的平面；全部环——封闭所选取曲面上的所有孔的开口；

选取环——封闭在所选取曲面上所选取孔的开口。勾选相应复选框后，选择"完成"命令，如图 4.17 所示。

(5) 封闭体积块，指定体积块的曲面端环或可以盖住这些环的平面。系统在信息区中提示"选取或创建一个平面，盖住闭合的体积块"，此时可以选取工件的底部作为要盖住闭合体积块的平面。选取平面后，信息区中又提示"选取要被罩平面关闭的邻接边"，要求用户指定所创建的体积块通过的边线。一般在参照模型的边界曲面内选取一条边链即可。选择"聚合体积块"菜单管理器中的"显示体积块"命令，即可预览所创建的体积块，最后选择"完成"命令，创建此体积块。

图 4.16　"曲面边界"和"特征参考"菜单

图 4.17　"封合"菜单

4.2　模具体积块创建实例

4.2.1　聚合体积块的创建

(1) 单击"打开"按钮，弹出"文件打开"对话框，选择文件夹"4-2-1"中的"mfg_handle.mfg"文件，单击对话框中的"打开"按钮，参照模型和工件如图 4.18 所示。

(2) 单击绘图区域右侧工具栏中的"模具体积块"按钮，进入模具体积块创建界面。用鼠标右键单击模型树中的"mfg_handle_wrk.prt"零件，在弹出的快捷菜单中选择"隐藏"选项，将工件暂时隐藏。选择主菜单中的"编辑"|"收集体积块"命令，打开"聚合体积块"菜单管理器，在"聚合步骤"菜单中，勾选"选取""填充"和"封闭"复选框，选择"完成"命令，如图 4.19 所示。打开"聚合选取"菜单，如图 4.20 所示，在此菜单中选择"曲面和边界"命令，然后选择"完成"命令。此时在系统信息区中显示"选取一个种子曲面"，单击选取参照模型的内表面作为种子曲面，如图 4.21 所示。

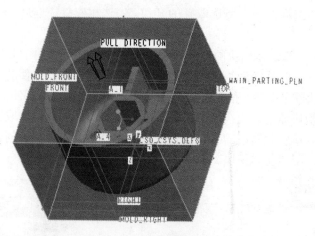

图 4.18　参照模型和工件

图 4.19　"聚合步骤"菜单

图 4.20　"聚合选取"菜单

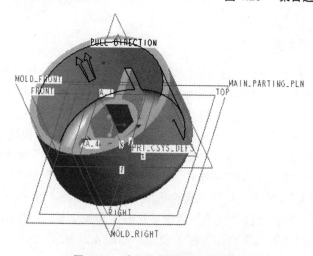

图 4.21　选取参照模型的内表面

（3）打开"曲面边界"和"特征参考"菜单，如图 4.22 所示，在系统提示下选取参照模型的上部边缘表面作为边界曲面，如图 4.23 所示。

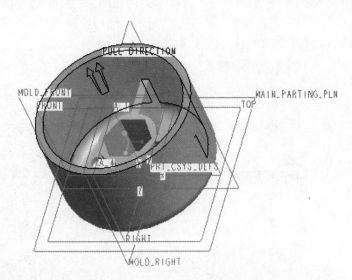

图 4.22　"曲面边界"和　　　　　　　图 4.23　选取边界曲面
　　　　"特征参考"菜单

（4）选择"特征参考"菜单中的"完成参考"命令和"曲面边界"菜单中的"完成/返回"命令，打开"聚合填充"和"特征参考"菜单，如图 4.24 所示，在"聚合填充"菜单中选择"全部"命令，在"特征参考"菜单中选择"添加"命令，然后选取参考模型内部有破孔的下表面，以填充该曲面上的孔，如图 4.25 所示。再次选择"特征参考"菜单中的"完成参考"命令和"聚合填充"菜单中的"完成/返回"命令。

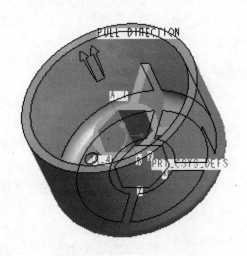

图 4.24　"聚合填充"和　　　　　　　图 4.25　选取有破孔的下表面
　　　　"特征参考"菜单

(5) 打开"封闭环"和"封合"菜单，如图 4.26 所示，用鼠标右键单击模型树中右击被隐藏的工件"mfg_handle_wrk.prt"，在弹出的快捷菜单中选择"取消隐藏"命令。在"封合"菜单中勾选"顶平面"和"全部环"复选框，然后选择"完成"命令。系统在信息区中提示用户"选取或创建一个平面，盖住闭合的体积块"，此时选取工件的上表面作为要盖住闭合体积块的平面，如图 4.27 所示。然后选择"封合"菜单中的"完成"命令和"封闭环"菜单中的"完成/返回"命令。

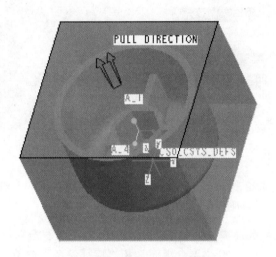

图 4.26 "封闭环"和"封合"菜单　　　　图 4.27 选取工件的上表面

(6) 回到"聚合体积块"菜单管理器，如图 4.28 所示，选择"显示体积块"命令。可以预览生成的体积块，最后选择菜单管理器中的"完成"命令，单击工具栏中的"完成"按钮 ✔，完成体积块的创建。用鼠标右键分别单击模型树中的"mfg_handle_wrk.prt"工件和"mfg_handle_ref.prt"参照模型，在弹出的快捷菜单中选择"隐藏"命令，创建的体积块如图 4.29 所示。

图 4.28 "聚合体积块"
菜单管理器

(7) 分割模具体积块。用鼠标右键分别单击模型树中的"mfg_handle_wrk.prt"工件和"mfg_handle_ref.prt"参照模型，在弹出的快捷菜单中选择"取消隐藏"命令。单击绘图区域右侧工具栏中的"分割为新的模具体积块"按钮 ⊟，打开"分割体积块"菜单管理器，在菜单管理器中选择"两个体积块"和"所有工件"选项，然后选择"完成"命令。弹出"分割"对话框，在绘图区域中选取已创建的聚合体积块作为分割曲面，单击鼠标中键确认，然后单击"分割"对话框中的"确定"按钮，弹出"属性"对话框，单击对话框中的"着色"按钮，可以预览分割出的体积块，如图 4.30 所示。在"名称"文本框中输入分割出的第一个体积块名称"MOLD_VOL_AOMO"，如图 4.31 所示，单击"属性"对话框中的"确定"按钮，完成凹模的创建。

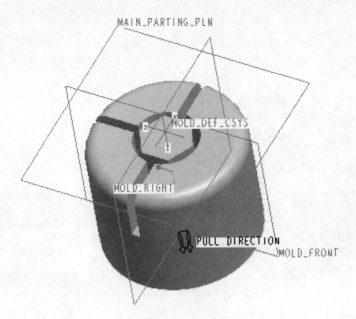

图 4.29　体积块

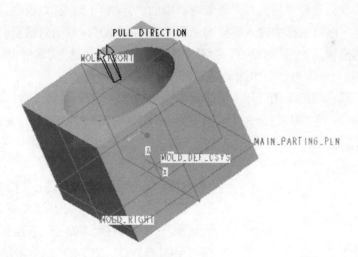

图 4.30　凹模

(8) 再次弹出"属性"对话框，单击对话框中的"着色"按钮，可以预览分割出的体积块，如图 4.32 所示。

(9) 在"名称"文本框中输入分割出的第二个体积块名称"MOLD_VOL_TUMO"，如图 4.33 所示，单击"属性"对话框中的"确定"按钮，完成凸模的创建。

(10) 单击绘图区域右侧工具栏中的"型腔插入"按钮  ，弹出"创建模具元件"对话框，按住 Ctrl 键选取对话框中的"MOLD_VOL_AOMU"和"MOLD_VOL_TUMU"两个体积块，单击"确定"按钮，完成凹模和凸模元件的创建。

图 4.31　"属性"对话框

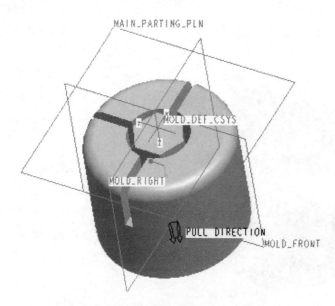

图 4.32　预览分割出的体积块　　　　　图 4.33　"属性"对话框

　　(11) 创建铸模。选择"模具"菜单管理器中的"铸模"|"创建"命令，弹出"消息输入窗口"对话框，在对话框中输入铸模的名称"ZHUMMO"，单击对话框中的"完成"按钮，再次弹出"消息输入窗口"对话框，在"输入模具零件公用名称"文本框中输入"ZHUMU"(名称可以自己取)，单击对话框中的"完成"按钮。

　　(12) 仿真开模。单击绘图区域上方工具栏中的"遮蔽-取消遮蔽"按钮　，打开"遮蔽-取消遮蔽"窗口，将"可见元件"列表中的"MFG_HANDLE_REF"和"MFG_HANDLE_WRK"元件设置为遮蔽，体积块"MOLD_VOL_1"设置为遮蔽，单击"关闭"按钮关闭该窗口。

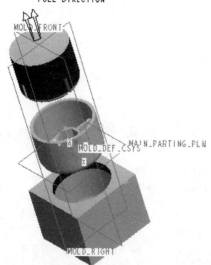

　　(13) 单击绘图区域右侧工具栏中的"模具进料孔"按钮　，打开"模具孔"菜单管理器，选择"定义间距"|"定义移动"命令，在绘图区域中选取凸模"MOLD_VOL_TUMO"，单击鼠标中键确认，再选取凸模的上表面以其法向作为移动参照方向，在"消息输入窗口"对话框中输入移动距离"50"，单击对话框中的"完成"按钮。采用相同的方法，将凹模向相反的方向移动 50，最后选择"模具孔"菜单管理器中的"完成"命令，完成模具仿真开模，开模效果如图 4.34 所示。

　　(14) 单击"保存"按钮　，弹出"保存对象"对话框，系统默认的文件名称为"MFG_HANDLE.ASM"，单击"确定"按钮，保存文件。

图 4.34　开模效果

4.2.2　模具体积块的创建

下面通过一个具体实例综合介绍模具体积块(含侧抽)的创建过程。

(1) 单击"打开"按钮 ，弹出"文件打开"对话框，选择配套光盘中"4"|"4-2-2"|"unfinish"|"tijikuailizi.asm"文件，单击对话框中的"打开"按钮，进入模具设计界面，加载了参照模型和工件。单击工具栏中的"模具体积块"按钮 ，选择主菜单中的"编辑"|"收集体积块"命令，打开菜单，勾选"填充"复选框，如图 4.35 所示，选择"完成"命令，打开"聚合选取"菜单，选择"曲面和边界"命令，选择"完成"命令，用鼠标右键单击模型树中的"MFG0001_WRK.PRT"工件，在弹出的快捷菜单中选择"隐藏"命令将工件暂时隐藏，选取参照模型的一个内表面作为"种子曲面"，系统在信息区提示"指定限制这些曲面的边界曲面"，继续选取参照模型的下端面为"边界曲面"(按住 Ctrl 键选择，要封闭)，如图 4.36 所示。

图 4.35　菜单管理器　　　　　　　图 4.36　选取参照模型的曲面

(2) 选择"完成参考"命令，继续选择"完成/返回"命令，打开"特征参考"菜单，系统在信息区提示"指定要除去其所有内部围线的曲面"，选择参照模型两内侧孔端面(按住 Ctrl 键选择)，如图 4.37 所示。

(3) 选择菜单管理器中的"完成参考"命令，继续选择"完成/返回"命令，打开"封闭环"菜单。用鼠标右键单击模型树中的"MFG0001_WRK.PRT"工件，在弹出的快捷菜单中选择"取消隐藏"命令将工件取消隐藏，然后在"封合"菜单中勾选"全部环"复选框，选择"完成"命令，系统在信息区提示"选取或创建一个平面，盖住闭合的体积块"，选取工件下表面作为盖住闭合体积块的端面，最后选择"完成"命令，效果如图 4.38 所示。

(4) 创建底座。单击工具栏中的"拉伸"按钮 ，打开"拉伸"操作面板，单击"拉伸"操作面板中的"放置"按钮，然后单击"定义"按钮，弹出"草绘"对话框，选择工件底面作为草绘平面，其他选项采用默认设置，单击"草绘"按钮，弹出"参照"对话框，选择 MOLD_RIGHT 和 MOLD_FRONT 基准平面作为参照，单击"关闭"按钮退出"参照"

对话框。单击工具栏中的"通过边创建图元"按钮 □，然后分别单击拾取工件的 4 条边界直线作为参考创建 4 条边，如图 4.39 所示。

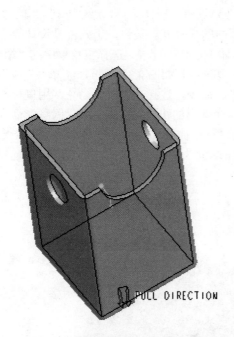

图 4.37　选择参照模型两内侧孔端面

图 4.38　创建体积块效果

　　(5) 单击工具栏中的"完成"按钮，完成草绘。单击"拉伸"操作面板中的"拉伸到参考平面"图标 ⊥，选择参照模型的下端面作为参考平面，如图 4.40 所示。单击"拉伸"操作面板中的"确定"按钮，完成拉伸特征的创建。

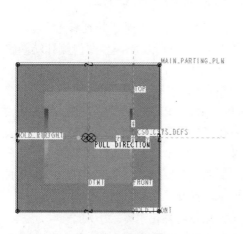

图 4.39　创建 4 条边

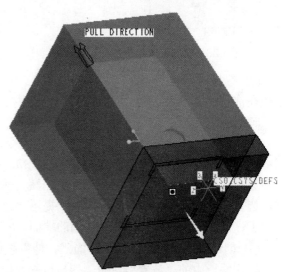

图 4.40　选择参照平面

（6）再次单击工具栏中的"拉伸"按钮 ⬚，打开"拉伸"操作面板，单击"拉伸"操作面板中的"放置"按钮，再单击"定义"按钮，弹出"草绘"对话框，选择工件前侧面作为草绘平面，其他选项采用默认设置，单击"草绘"按钮，弹出"参照"对话框，选择 MOLD_RIGHT 和 MAIN_PARTING_PLN 基准平面作为参照，单击"关闭"按钮退出"参照"对话框。单击工具栏中的"通过边创建图元"按钮 ⬚，然后单击拾取参照模型前侧的半圆缺口轮廓作为参照创建图元，单击工具栏中的"删除段"按钮 ⬚，拾取多余图元将其删除。最后得到的草绘图形如图 4.41 所示。

（7）单击工具栏中的"完成"按钮，完成草绘。单击"拉伸"操作面板中的"拉伸到参考平面"图标 ⬚，选择参照模型的前侧内表面作为参考平面，如图 4.42 所示。单击"拉伸"操作面板中的"确定"按钮，完成拉伸特征的创建。

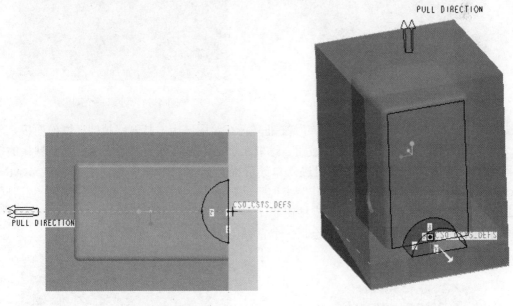

图 4.41　草绘图形　　　　　　　　　　　图 4.42　选择参考平面

（8）重复上述(6)和(7)两步，完成后侧拉伸特征的创建，单击工具栏中的"确定"按钮，完成该体积块的创建。暂时隐藏工件和参照模型，创建的体积块最终效果如图 4.43 所示。

（9）侧孔体积块的创建。取消工件和参照模型的隐藏，再次单击工具栏中的"模具体积块"按钮 ⬚，单击"拉伸"按钮 ⬚，在绘图区上方打开"拉伸"操作面板，单击"放置"按钮，再单击"定义"按钮，选取工件的右侧面作为草绘平面，保留默认的参照平面和方向，单击"草绘"按钮进入草绘界面，弹出"参照"对话框，选择 MAIN_PARTING_PLN 和 DTM1 基准平面作为参照平面，单击"关闭"按钮退出"参照"对话框，单击工具栏中的"通过边创建图元"按钮 ⬚，拾取孔边界，绘制一个圆，如图 4.44 所示。

（10）单击工具栏中的"确定"按钮退出草绘界面，单击"拉伸至"按钮 ⬚，选择参照模型右侧内端面作为参考平面，如图 4.45 所示，单击"拉伸"操作面板中的"确定"按钮，完成拉伸特征的创建。

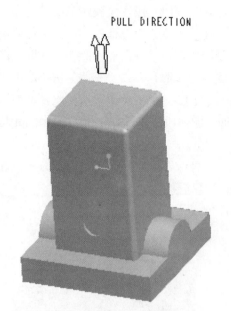

图 4.43　创建的体积块

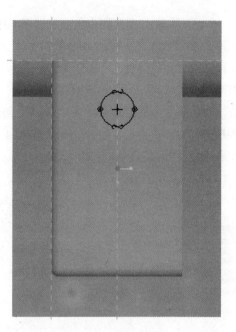

图 4.44　绘制一个圆

(11) 再次单击工具栏中的"拉伸"按钮 ，在绘图区上方打开"拉伸"操作面板，单击"放置"按钮，再单击"定义"按钮，选取工件的右侧面作为草绘平面，保留默认的参照平面和方向，单击"草绘"按钮进入草绘界面，弹出"参照"对话框，选择 MAIN_PARTING_PLN 和 DTM1 基准平面作为参照平面，单击"关闭"按钮退出"参照"对话框，单击工具栏中的"通过边创建图元"按钮 ，拾取孔边界，单击鼠标中键确认，将拾取创建的半圆删除，然后单击 ○ 按钮绘制一个直径为 20.00 的圆，如图 4.46 所示。

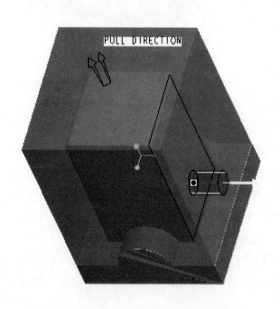

图 4.45　选择参考平面

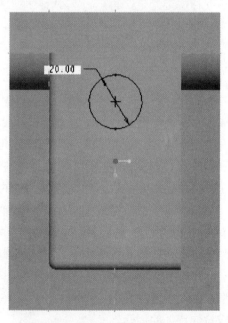

图 4.46　绘制一个直径为 20.00 的圆

(12) 单击工具栏中的"确定"按钮退出草绘界面，方向设置为"指向工件内部"，拉伸长度设置为 5.00，如图 4.47 所示，单击"拉伸"操作面板中的"确定"按钮，完成拉伸特征的创建。单击工具栏中的"完成"按钮，退出模具体积块的创建。

(13) 重复上述步骤(9)～(12)创建另一侧孔的体积块，暂时隐藏工件和参照模型，创建的体积块最终效果如图 4.48 所示。

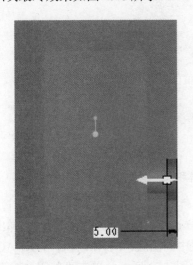

图 4.47　拉伸

图 4.48　体积块效果

(14) 分割体积块。单击工具栏中的"体积块分割"按钮 ，打开"分割体积块"菜单管理器，在菜单管理器中选择"两个体积块"和"所有工件"选项，然后选择"完成"命令。弹出"分割"对话框，在绘图区域中选取已创建的聚合体积块作为分割体积块，然后单击鼠标中键确定，再单击"分割"对话框中的"确定"按钮，弹出"属性"对话框，如图 4.49 所示。单击"着色"按钮预览分割生成的体积块，如图 4.50 所示，在"名称"文本框中输入"MOLD_VOL_tumo"，单击"确定"按钮。再次弹出"属性"对话框，单击"着色"按钮预览分割生成的体积块，在"名称"文本框中输入"MOLD_VOL_aomo"，单击"确定"按钮，如图 4.51 所示。

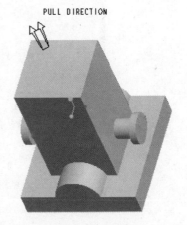

图 4.59　"属性"对话框

图 4.50　预览分割生成的体积块—凸模

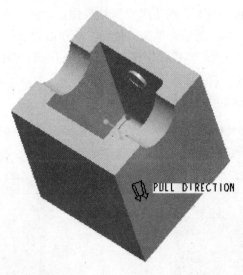

图 4.51　预览分割生成的体积块—凹模

(15) 再次单击工具栏中的"体积块分割"按钮 ，打开"分割体积块"菜单管理器，在菜单管理器中选择"一个体积块"和"模具体积块"选项，再选择"完成"命令，弹出"搜索工具:1"对话框，选中对话框左下角"项目"列表中的面组：F17(MOLD_VOL_AOMO)，单击 >> 按钮将其添加到右边"项目"列表中，如图 4.52 所示，单击"关闭"按钮退出。

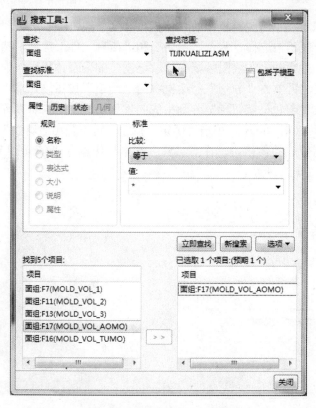

图 4.52　"搜索工具:1"对话框

(16) 在绘图区选择已创建的右侧孔的体积块(若选不中，可移动光标到右侧孔上右击查询，再单击选取)，单击鼠标中键确认，打开"岛列表"菜单管理器，勾选"岛 2"复选框，如图 4.53 所示，选择菜单管理器中的"完成选取"命令。

(17) 单击"分割"对话框中的"确定"按钮，弹出"属性"对话框，单击"着色"按钮，预览分割生成的体积块，如图 4.54 所示，在"名称"文本框中输入"MOLD_VOL_RIGHT"，单击"确定"按钮。

图 4.53　"岛列表"菜单管理器　　　　　　　图 4.54　预览生成的体积块

(18) 再次单击工具栏中的"体积块分割"按钮 🖎，打开"分割体积块"菜单管理器，在菜单管理器中选择"一个体积块"和"模具体积块"选项，然后选择"完成"命令，弹出"搜索工具:1"对话框，选中对话框左下角"项目"列表中的面组 MOLD_VOL_AOMO，单击 ⌐ >> ⌐ 按钮将其添加到右边"项目"列表中，单击"关闭"按钮退出。

(19) 在绘图区选择已创建的左侧孔的体积块(若选不中，可移动光标到右侧孔上单击鼠标右键查询，再单击选取)，单击鼠标中键确认，打开"岛列表"菜单管理器，勾选"岛 2"复选框，选择菜单管理器中的"完成选取"命令。

(20) 单击"分割"对话框中的"确定"按钮，弹出"属性"对话框，单击"着色"按钮，预览分割生成的体积块，如图 4.55 所示，在"名称"文本框中输入"MOLD_VOL_LEFT"，单击"确定"按钮。

(21) 型腔插入。单击工具栏中的"型腔插入"按钮 🡓，弹出"创建模具元件"对话框，按住 Ctrl 键选择分割生成的 4 个体积块"MOLD_VOL_AOMO""MOLD_VOL_RIGHT"、"MOLD_VOL_LEFT"和"MOLD_VOL_TUMO"，如图 4.56 所示，单击"确定"按钮，完成模具体积块元件的创建。

图 4.55　预览生成的体积块——左侧孔　　　　图 4.56　"创建模具元件"对话框

(22) 铸模的创建。在"模具"菜单管理器中选择"铸模"|"创建"命令，弹出"消息输入窗口"对话框，输入铸件名称"zhujian"，单击"确定"按钮，再次弹出"消息输入窗口"对话框，输入"zhujian"，单击"确定"按钮，即完成铸模的创建，同时在模型树中出现一个标识。

(23) 遮蔽零件。单击工具栏中的"遮蔽-取消遮蔽"按钮 ▨，打开"遮蔽-取消遮蔽"窗口，选择"可见元件"列表中的 MFG0001_REF 和 MFG0001_WRK 元件，如图 4.57 所示，单击"遮蔽"按钮，将其遮蔽。选择"可见体积块"列表中的"MOLD_VOL_1""MOLD_VOL_2"和"MOLD_VOL_3"体积块，如图 4.58 所示，单击"遮蔽"按钮，将其全部遮蔽。单击"关闭"按钮关闭该窗口。

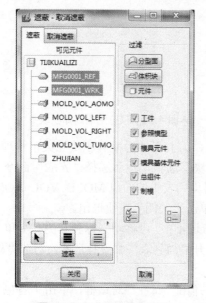

图 4.57 "可见元件"列表

图 4.58 "可见体积块"列表

(24) 模具开模分析。单击工具栏中的"执行模具开口分析"按钮 ▤，打开"模具孔"菜单管理器，选择"定义间距"|"定义移动"命令，如图 4.59 所示。

(25) 选择绘图区中的"MOLD_VOL_RIGHT"零件，单击鼠标中键确定，选择工件右侧面，弹出"消息输入窗口"对话框，同时绘图区出现一个红色箭头指向右侧面，表明该工件的移动方向，在"消息输入窗口"对话框中输入"50"，选择菜单管理器中的"完成"命令，如图 4.60 所示。

(26) 选择菜单管理器中的"定义间距"|"定义移动"命令，选择绘图区中的"MOLD_VOL_LEFT"零件，单击鼠标中键确定，选择工件左侧面，弹出"消息输入窗口"对话框，同时绘图区出现一个红色箭头指向左侧面，表明该工件的移动方向，在"消息输入窗口"对话框中输入"50"，选择菜单管理器中的"完成"命令，如图 4.61 所示。

(27) 选择菜单管理器中的"定义间距"|"定义移动"命令，选择绘图区中的"MOLD_VOL_AOMO"零件，单击鼠标中键确定，选择工件上表面，弹出"消息输入窗口"对话框，同时绘图区出现一个红色箭头沿着上表面法线方向，表明该工件的移动方向，在"消息输入窗口"对话框中输入"150"，选择菜单管理器中的"完成"命令，完成凹模的移动。

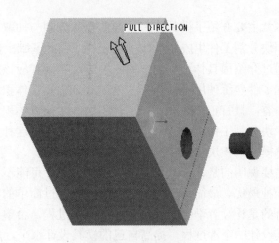

图 4.59　"模具孔"菜单管理器　　　　　　　　　图 4.60　移动效果(1)

(28) 选择菜单管理器中的"定义间距"|"定义移动"命令，选择绘图区中的"MOLD_VOL_TUMO"零件，单击鼠标中键确定，选择工件下表面，弹出"消息输入窗口"对话框，同时绘图区出现一个红色箭头沿着下表面法线方向，表明该工件的移动方向，在"消息输入窗口"对话框中输入"150"，选择菜单管理器中的"完成"命令，完成凸模的移动。最终的开模效果如图 4.62 所示。

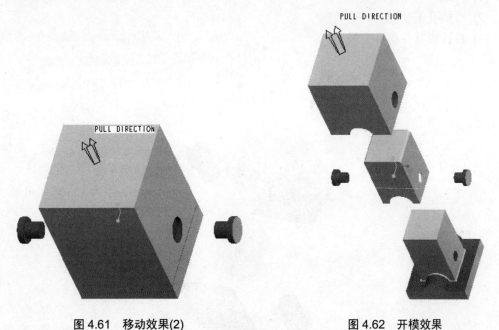

图 4.61　移动效果(2)　　　　　　　　　图 4.62　开模效果

(29) 单击"保存"按钮 ，弹出"保存对象"对话框，系统默认的文件名称为"TIJIKUAILIZI.ASM"，单击"确定"按钮，保存文件。

本 章 小 结

本章主要介绍了模具体积块的创建、分割与抽取，具体包括创建体积块，然后用创建的体积块分割工件生成模具体积块元件，在此基础上创建铸模和仿真开模。

通过介绍模具体积块创建的各种方法，读者应该能够掌握模具体积块的设计流程，针对不同零件熟练使用不同的方法创建并分割模具体积块。因为体积块是模具设计过程中的关键内容，只有正确设计出模具体积块，才能将体积块分割并抽取出模具元件。利用创建的体积块分割工件，目的是将创建的模具体积块这种曲面面组用于分割工件实体，这样真正获得模具体积块实体零件。

需要说明的是，一个具体零件的模具设计可能不止一种方法，读者应该根据具体零件寻找一种最优、最简单的设计方法。本章通过简单的实例系统介绍了模具体积块的创建过程，目的是让读者学会体积块创建和分割过程，希望读者在学习过程中能够举一反三，体会模具设计的全部过程，提高自己的模具设计水平，总结模具设计的技巧。

习　　题

设计如图 4.63 所示的开模效果。
要求如下：
(1) 仔细分析零件的造型。
(2) 有侧孔需要侧抽。
(3) 设计模具并仿真开模。

图 4.63　开模效果

第 5 章

Pro/Engineer Wildfire 5.0
模具分析检测

 本章教学要点

知识要点	掌握程度	相关知识
模具检测	了解模具检测界面； 掌握模具厚度检查、投影面积检测、分型面检查和模具分析	分型面简介； 零件厚度检查； 投影面积计算； 分型面检查； 模具分析
塑性顾问	了解 Pro/Engineer 塑性顾问模块； 熟悉模流分析界面； 掌握模流分析操作	塑性顾问模块简介； 模流分析界面简介； 模流分析实例操作

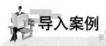

导入案例

模具分析检测

模具分析检测是 Pro/Engineer 的重要功能之一，一般在开模之前，都要对模具进行分析检测，以便确定生成零件的一些特性是否满足模具的需要，如图 5.01 所示。可对模具进行厚度检查和分型面检查，也可以计算投影面积。使用模具分析检测功能可以分析零件，并查看它是否有足够的拔模和合适的厚度。

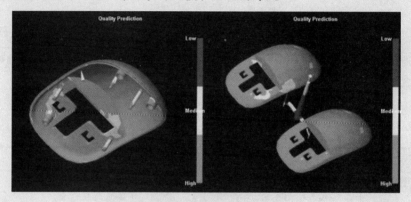

图 5.01　模具分析检测示例

塑性顾问是 Pro/Engineer 的外挂程序之一，主要用来对塑料在型腔内注射成型进行分析，使设计人员对塑料在型腔内的填充情况有所了解。塑性顾问使设计人员能够实时方便地得到可靠、易理解的加工反馈和建议。塑性顾问用于评估注塑工艺的每次设计更改，而不是每个设计，所以它是与注塑设计有关的行业节省成本和时间的理想工具。设计人员可以方便地选择材料类型和提议的浇口位置，以及使用塑性顾问提供的填模动画。

5.1　模　具　检　测

Pro/Moldesign 中不仅具有模具设计的强大功能，而且还具有专门针对模具零部件的检测方法，如拔模检测、厚度检测、投影面积、分型面检测等。

5.1.1　分析界面简介

在模具模型设计环境下，主菜单中的"分析"菜单如图 5.1 所示，主要的选项如下。

(1) 测量：包括距离、长度、角、区域、体积、直径、转换。

(2) 模型：包括质量属性、间隙、干涉等，如图 5.2 所示。

(3) 几何：包括点、半径、曲率、偏移、拔模、阴影等，如图 5.3 所示。

(4) 模具分析：主要包括水线和拔模检测两项内容。

(5) 厚度检查：对零件进行厚度检查。

(6) 投影面积：计算模具或造型的曲面面积。

(7) 分型面检查：选取分型面进行自交检测和轮廓检查。

(8) 模具开模：对模具开模过程的干涉情况进行检查。

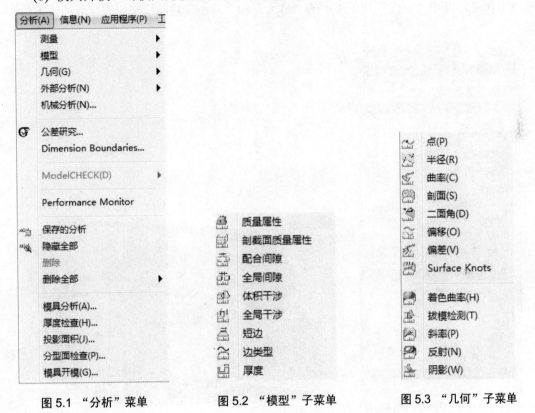

图 5.1　"分析"菜单　　　　图 5.2　"模型"子菜单　　　　图 5.3　"几何"子菜单

5.1.2　厚度检查

由于注塑零件必须具有一定厚度才能满足实际生产中的强度和刚度要求，在拔模的时候才能承受拔模力，所以壁厚设计一定要合理。使用厚度检查功能可以对注塑零件的厚度进行检测，保证合理的壁厚。

(1) 选择主菜单中的"文件"|"新建"命令，弹出"新建"对话框，在"类型"选项组中选择"制造"单选按钮，在"子类型"选项组中选择"模具型腔"单选按钮，取消勾选"使用缺省模板"复选框，其他采用默认设置，单击"确定"按钮，选择"mmns_mfg_mold"模板，单击"确定"按钮进入模具设计主界面。

(2) 选择菜单管理器中的"模具模型"|"装配"|"参照模型"命令，打开配套光盘中"5"|"5-1-2"|"5-1-2_shell"文件，放置约束设置为"缺省"，单击"确定"按钮，弹出"创建参照模型"对话框，采用默认设置，单击"确定"按钮。

(3) 选择主菜单中的"分析"|"厚度检查"命令，弹出"模型分析"对话框，单击"零件"选项组的"选择"按钮　，在绘图区单击选择加载的参照模型，如图 5.4 所示。

(4)"设置厚度检查"选项组中有两种选项。

① 平面:利用指定的平面与零件相切,计算相切处的厚度。

在"设置厚度检查"选项组中单击"平面"按钮,然后选择 MOLD_FRONT 基准平面作为检查平面,单击"选取"对话框中的"确认"按钮,在"厚度"选项组的"最大"文本框中输入"2",单击"计算"按钮,在绘图区参照模型上显示厚度检查的单切片图,如图 5.5 所示。其中"厚度"选项组中的"最大"和"最小"功能用来检测厚度的最大值和最小值。

图 5.4 "模型分析"对话框

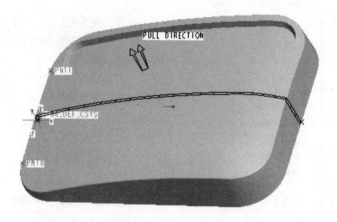

图 5.5 厚度切片效果

② 层切面:通过指定开始点、终止点和各切片间距离,系统自动产生切片,切片与零件相切,计算相切处的厚度。单击"模型分析"对话框中的"层切面"按钮,需要设置"起点"和"终点"。

起点:切片起始位置,可以选取零件边缘上的点,如果没有这样的点,可随时通过基准点生成。这里选择 PNT0 点作为起点。

终点:切片终止位置。这里选择 PNT1 点作为终点。

使用的层切面数:切片数量。这里使用该项。

层切面方向:定义切片方向,有平面、曲线/边/轴、坐标系 3 种方法。这里选取 MOLD_FRONT 基准平面,然后选择菜单管理器中的"反向"命令,单击鼠标中键确认。

层切面偏距:这里设置为 10。

"模型分析"对话框的设置如图 5.6 所示,单击"计算"按钮,参照模型上可显示多层切片效果,如图 5.7 所示。

图 5.6　多层切片厚度检测

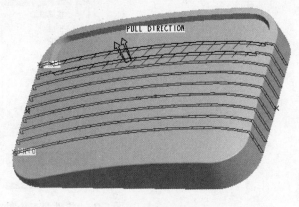

图 5.7　多层切片效果

5.1.3　投影面积

选择主菜单中的"分析"|"投影面积"命令，弹出如图 5.8 所示的"测量"对话框，并自动选中需要测量的参照零件和投影方向，计算出参照零件的投影面积。设计人员也可以根据需要自行更改图元和投影方向。

图 5.8　"测量"对话框

5.1.4　分型面检查

选择主菜单中的"分析"|"分型面检查"命令，在菜单管理器中打开如图 5.9 所示的"零件曲面检测"菜单，该菜单包括以下两个命令选项。

(1) 自交检测：用于检测分型面是否自交。

(2) 轮廓检查：用于检测分型面是否封闭。

如果检测出分型面有错误，则必须修改分型面，否则后续的分割体积块操作将发生错误。

图 5.9 "零件曲面检测"菜单

5.1.5　模具分析

选择主菜单中的"分析"|"模具分析"命令，弹出"模具分析"对话框，将类型设置为"拔模检测"，如图 5.10 所示。

图 5.10 "模具分析"对话框

单击"曲面"选项组中的 按钮，然后在绘图区选取参照零件，并单击"选取"对话框中的"确定"按钮。

拖动方向：用于定义拖动方向，即开模方向，如果方向不正确设计人员可自行更改。

角度选项：用于确定单向或双向，以及拔模角度。选择"双向"单选按钮，然后在"拔模角度"文本框中输入角度值"1"。

单击"显示"按钮，弹出"拔模检测-显示设置"对话框，如图 5.11 所示，将色彩数目设置为"6"，并勾选"动态更新"复选框，则可以看到图 5.12 所示的彩色条纹。单击"确定"按钮，返回"模具分析"对话框。

单击"模具分析"对话框中的"计算"按钮，系统将根据设置自动计算，设计人员可以根据计算结果与图 5.12 所示的光谱图对比分析。如果零件部位显示为蓝色，表明拔模时此部位将会有干涉。

单击"已保存分析"选项前的三角形符号，展开列表，然后在"名称"文本框中输入名称，如"bamocheck"，并单击"保存"按钮。最后选中"bamocheck"分析结果，并单击 按钮，将其遮蔽。

单击"关闭"按钮，完成拔模检测操作。

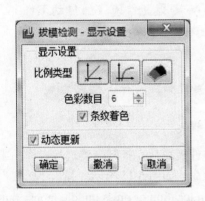

图 5.11 "拔模检测-显示设置"对话框

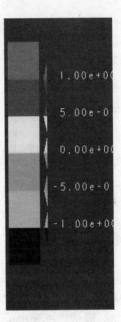

图 5.12 光谱图

5.2 塑 性 顾 问

塑性顾问(Plastic Advisor)是 Pro/Engineer 模具设计模块为用户提供的模流分析工具，专门用来对注塑零件的注塑成型和模流进行模拟仿真分析。通过计算机对模具设计进行预分析和模拟代替实际的试模，预测设计中可能存在的缺陷，从而降低模具制造成本和缩短模具制造周期。

5.2.1　塑性顾问模块简介

塑性顾问不是 Pro/Engineer Wildfire 5.0 默认安装的模块。在安装时，需要在图 5.13 所示的"要安装的功能"列表中展开"选项"节点，如图 5.14 所示，单击 Pro/Plastic Advisor 选项前的 按钮，然后在下拉列表中选择"安装此功能"选项。

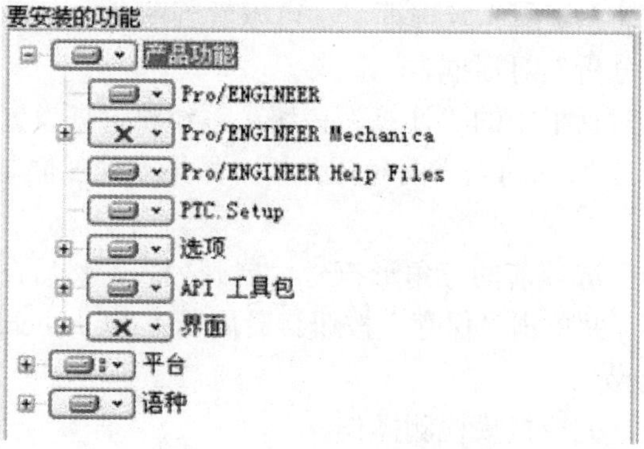

图 5.13 "要安装的功能"列表

图 5.14 "选项"节点

塑性顾问模块是在零件模块下运行的，启动零件模块后，打开需要进行操作的零件，选择主菜单中的"应用程序"|"Plastic Advisor"命令，如图 5.15 所示。弹出"选取"对话框，同时信息栏提示"Pick datum points for injection location or press middle mouse button to bypass selection"，意思是"选取一个基准点作为浇口位置或单击鼠标中键进行查询选取"。在模型上选取浇口位置后，将打开"塑性顾问"界面，如图 5.16 所示。(注：若用户不清楚浇口最佳位置，而希望系统给出一个参考，则可以不进行浇口基准点的选取，而是直接单击"选取"对话框中的"取消"按钮。)

塑性顾问可以提供如下功能。

(1) 产品结构的合理性分析。

(2) 选取合理的注塑材料。

(3) 优化成型工艺参数。

(4) 确定合理的浇口位置和数量。

(5) 预测熔接痕的位置。

(6) 预测填充不足、过热及过压等缺陷。

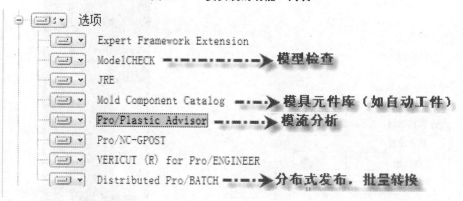

图 5.15 "应用程序"菜单

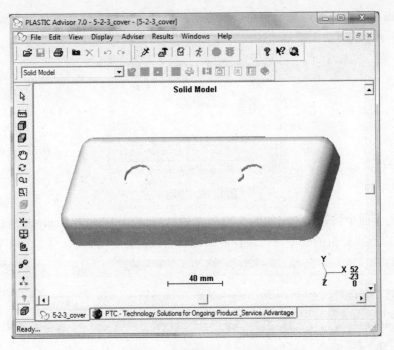

图 5.16　"塑性顾问"界面

5.2.2　模流分析界面

1. Adviser 工具栏(图 5.17)

图 5.17　"Adviser"工具栏

(1) 第一个按钮用于指定注射点。

(2) 单击第二个按钮，弹出如图 5.18 所示的 Modeling Tools 对话框。用户可以新建坐标系、改变模型位置。

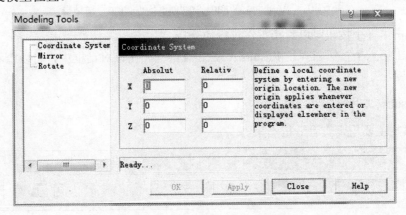

图 5.18　Modeling Tools 对话框

(3) 单击第三个按钮，系统将自动检查当前模型是否存在错误，如果没有错误，则弹出如图 5.19 所示的对话框提示 "No errors found" (未发现错误)。

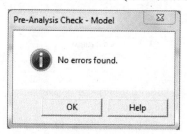

图 5.19　提示框

(4) 单击第四个按钮，弹出如图 5.20 所示的 "Analysis Wizard-Analysis Selection" 对话框。用户可以选择分析的类型，如最佳浇口位置、模流分析等。

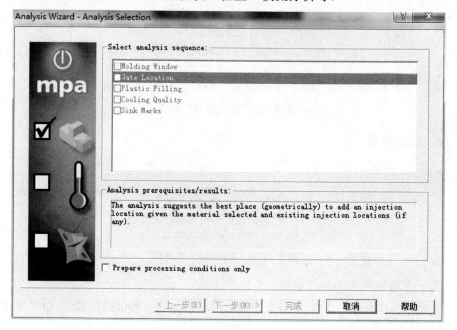

图 5.20　"Analysis Wizard-Analysis Selection" 对话框

(5) 单击第五个按钮可以终止正在进行的分析。

(6) 单击第六个按钮，弹出 Results Advice 对话框。在该对话框中，可以查看指定位置的分析结果。

2. Results 工具栏(图 5.21)

本工具栏主要用于查看分析结果。

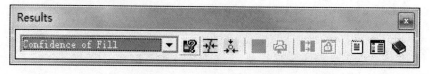

图 5.21　"Results" 工具栏

(1) "结果类型"下拉列表。该列表包含了所有的分析结果，如图 5.22 所示。

Plastic Flow：模拟各个时刻塑料成型流动的情况。

Fill Time：表示塑料从进浇口到当前位置的注射流动时间。

Injection Pressure：当前位置注射压力。

Flow Front Temp：注射过程中塑料温度的变化。

Pressure Drop：表示进浇口到当前位置的压力差值。

Confidence of Fill：表示填充质量。

Quality Prediction：预测零件的最终外观质量和机械性能。

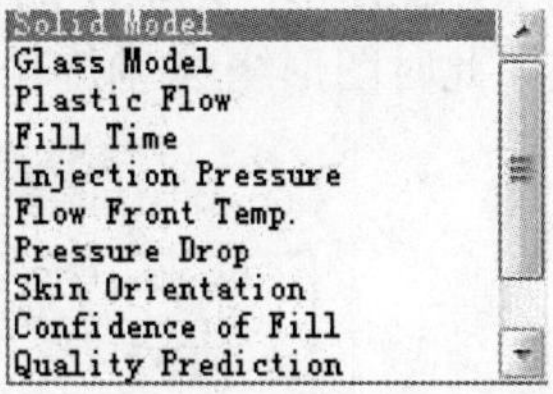

图 5.22　"结果类型"下拉列表

(2) 按钮：用于在模型上显示熔接痕的位置。

(3) 按钮：用于在模型上显示气泡的位置。

(4) 按钮：单击此按钮将弹出 Result Summary 对话框，显示分析结果摘要。

(5) 按钮：单击此按钮将弹出 Report Wizard 对话框，用于制作报告书。

5.2.3　操作实例——创建模流分析

下面通过一个实例来介绍塑性顾问在实际产品设计中的应用，具体步骤如下。

(1) 打开一个实体零件。打开配套光盘中 "5" | "5-2-3" | "unfinished" | "5-2-3_cover.prt" 文件。

(2) 选择主菜单中的 "应用程序" | "Plastic Advisor" 命令，弹出 "选取" 对话框，单击 "取消" 按钮，进入 "塑性顾问" 界面，如图 5.16 所示。此时，按住鼠标左键是旋转，按住鼠标中键是缩放，按住鼠标右键是平动。

(3) 在工具栏空白处单击鼠标右键，选择 "View Point" 选项，打开 "View Point" 工具栏，如图 5.23 所示。

图 5.23　View Point 工具栏

(4) 单击 按钮，此时图形在窗口中等轴侧显示，如图 5.24 所示，此时零件分型面不是 Z 轴正方向。

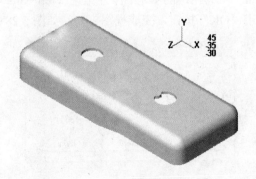

图 5.24　等轴侧视图

(5) 单击"Adviser"工具栏上的 按钮,弹出"Modeling Tools"对话框,选择"Rotate"选项,在图形区选取产品模型,在 X 文本框中输入"90",如图 5.25 所示。单击"OK"按钮,此时图形绕 X 轴旋转了 90°,如图 5.26 所示。

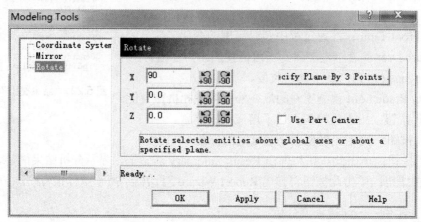

图 5.25 "Modeling Tools"对话框

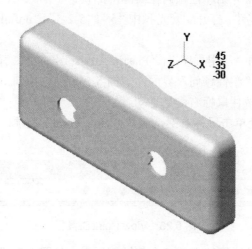

图 5.26 图形绕 X 轴旋转 90°

(6) 单击"View Point"工具栏中的 按钮,弹出"View Rotation"对话框,设置旋转角度如图 5.27 所示。单击"OK"按钮,完成视图旋转,如图 5.28 所示。

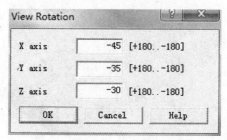

图 5.27 View Rotation 对话框

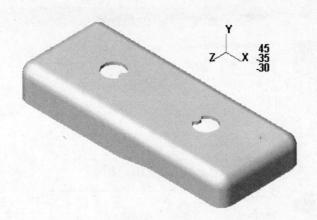

图 5.28　视图旋转

(7) 单击"Adviser"工具栏的 ⚡ 按钮，弹出"Analysis Wizard-Analysis Selection"对话框，勾选"Gate Location"复选框，如图 5.29 所示。

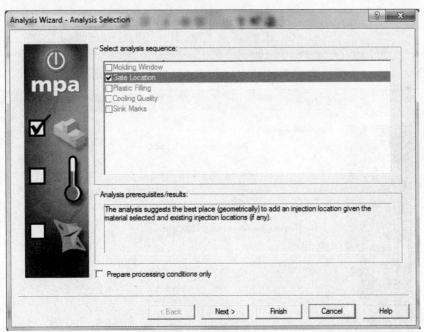

图 5.29　Analysis Wizard-Analysis Selection 对话框

(8) 单击"Next"按钮，打开"Analysis Wizard-Select Material"对话框，选择"Specific Material"单选按钮，然后依次选择"Manufacturer"(制造商)、"Trade name"(材料标号)，如图 5.30 所示。

(9) 单击"Next"按钮，弹出"Analysis Wizard-Processing Conditions"对话框，如图 5.31 所示，用户可根据需要指定材料属性。

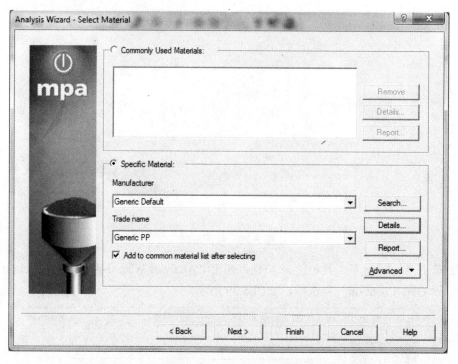

图 5.30 "Analysis Wizard-Select Material" 对话框

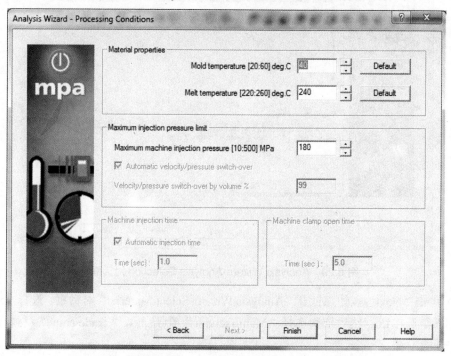

图 5.31 "Analysis Wizard-Processing Conditions" 对话框

(10) 单击"Finish"按钮，开始分析，完成后弹出"Result Summary"对话框，如图 5.32 所示。

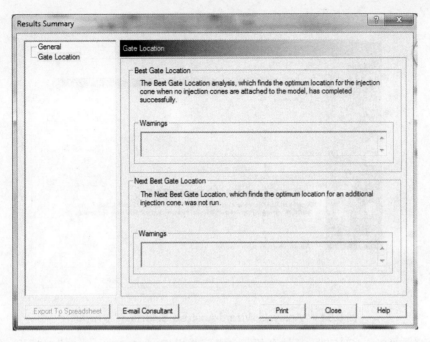

图 5.32 "Result Summary" 对话框

(11) 单击 "Close" 按钮，图形中显示了合适的浇口位置(用不同的颜色区分)，如图 5.33 所示，红色区域表示最坏(Worst)，即不适合浇注的位置；蓝色区域是最好(Best)，即适合浇注的位置。因此，本模型上方中央最适合浇注(可以通过配套光盘文件查看)。

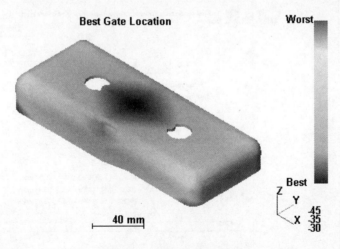

图 5.33 合适的浇口位置

(12) 单击 "Adviser" 工具栏中的 按钮，选择刚才分析的最适合浇注点，系统将弹出提示框，单击 "是" 按钮，然后弹出 "保存" 对话框，选择配套光盘中 "5"|"5-2-3"|"finished" 文件夹，单击 "保存" 按钮。之后单击 "Adviser" 工具栏中的 按钮，弹出 "Analysis Wizard-Analysis Selection" 对话框，勾选 "Plastic Filling" 复选框，如图 5.34 所示。

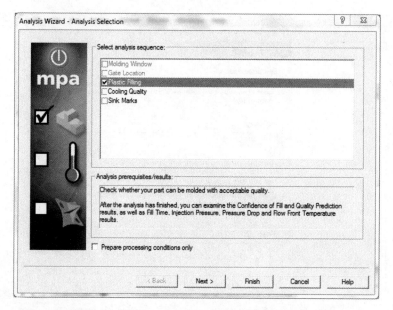

图 5.34 "Analysis Wizard-Analysis Selection" 对话框

(13) 单击 "Finish" 按钮，开始分析，完成后弹出 "Results Summary" 对话框，如图 5.35 所示。

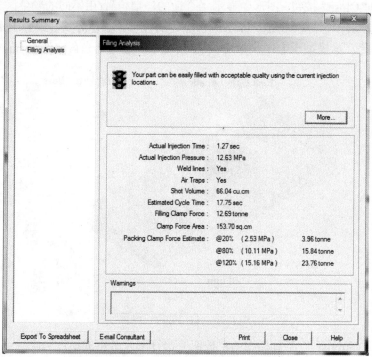

图 5.35 "Results Summary" 对话框

(14) 单击 "Close" 按钮，此时，图形区显示 "Confidence of Fill" 的结果分析类型，如图 5.36 所示。由图中彩条可以看出填充质量很好。

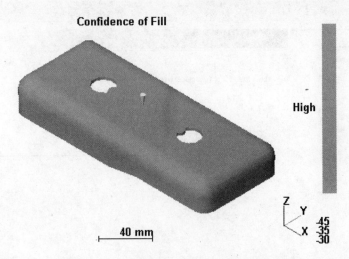

图 5.36 "Confidence of Fill" 的结果分析类型

(15) 单击 "Adviser" 工具栏中的 ⚘ 按钮，弹出 "Analysis Wizard-Analysis Selection" 对话框，同时勾选 "Cooling Quality" 和 "Sink Marks" 复选框，如图 5.37 所示。

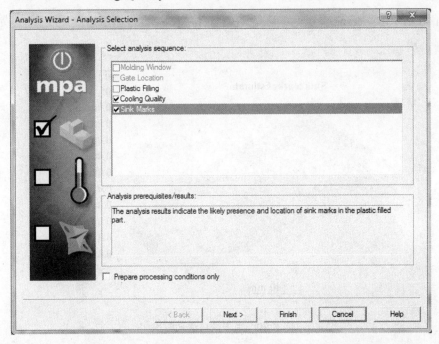

图 5.37 "Analysis Wizard-Analysis Selection" 对话框

(16) 单击 "Finish" 按钮，开始分析，完成后弹出 "Results Summary" 对话框，如图 5.38 所示，单击 "Close" 按钮。

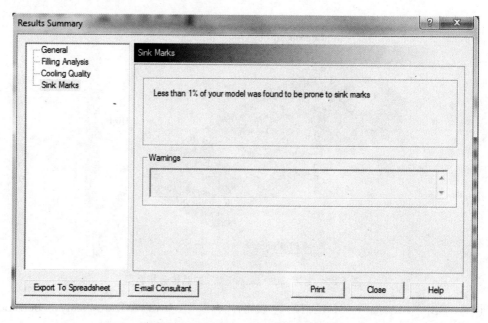

图 5.38 "Results Summary"对话框

(17) 分别单击"Results"工具栏中的⋰和⋰按钮，模型将显示熔接痕和气泡，如图 5.39 所示。

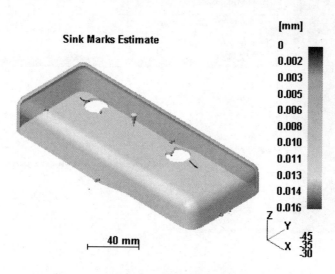

图 5.39 显示熔接痕和气泡

(18) 单击"Results"工具栏中的⬛按钮，弹出如图 5.40 所示的对话框。接受该对话框默认设置。

(19) 单击对话框中的"Next"按钮，弹出"Report Wizard"对话框，填写标题、设计者、公司等相关信息，如图 5.41 所示。

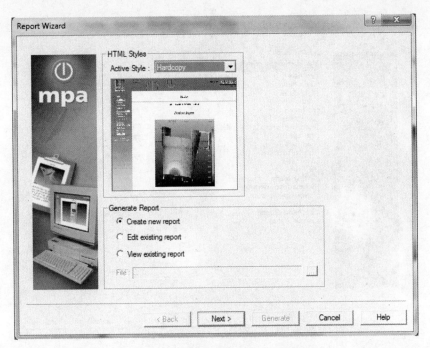

图 5.40 "Report Wizard" 对话框

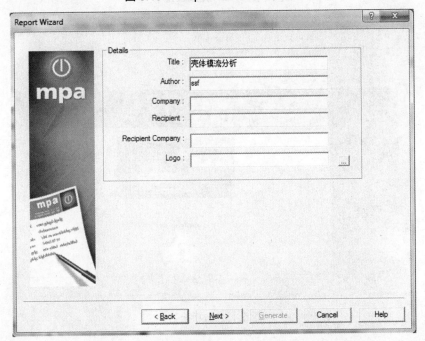

图 5.41 填写 "Report Wizard" 对话框相关信息

(20) 连续单击 "Next" 按钮，接受默认设置，直到弹出如图 5.42 所示的对话框，单击 "Generate" 按钮，弹出 "Select target directory" 对话框，选择合适的保存目录后，单击 "Select" 按钮，此时系统自动生成分析报告，如图 5.43 所示。

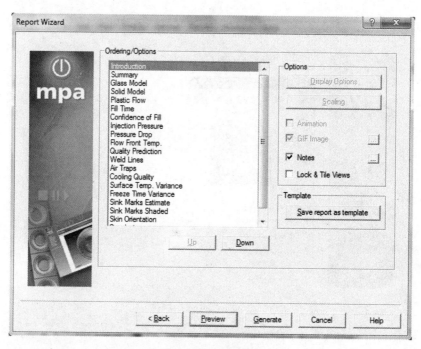

图 5.42 完成设置

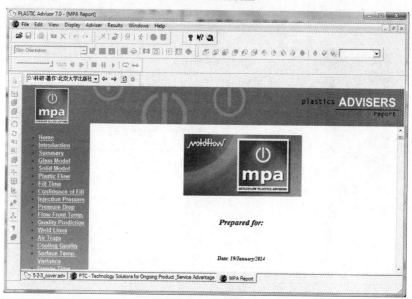

图 5.43 分析报告

本 章 小 结

本章详细介绍了模具分析检测的方法和操作过程，包括厚度检测、拔模检测、浇口位置和模流分析等。通过本章学习，读者将能够在分模之前进行模具机构合理性检测，并能动态模拟塑料在型腔中的填充情况，及时发现缺陷，优化模具设计，从而避免不必要的浪费。

习　　题

利用 Pro/Engineer Wildfire 5.0 塑性顾问功能，对图 5.44 所示的零件进行分析，创建分析报告。

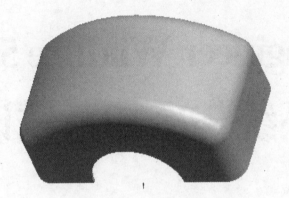

图 5.44　零件模型

第6章

Pro/Engineer Wildfire 5.0模具
浇注系统与冷却系统设计

 本章教学要点

知识要点	掌握程度	相关知识
模具浇注系统设计	了解模具浇注系统的功能结构; 掌握模具浇注系统的设计	模具浇注系统基础知识; 主流道设计; 分流道设计
模具冷却系统设计	了解模具冷却系统的功能结构; 掌握模具冷却系统的设计	模具冷却系统基础知识; 冷却水道特征创建; 冷却水道设计实例

导入案例

模具浇注系统与冷却系统

浇注系统是成型材料进入模具型腔的通道，如图 6.01 和图 6.02 所示。以注塑成型为例，熔融塑料从注塑机喷嘴开始经过主流道、分流道，然后通过浇口进入模具型腔，最后固化成型得到塑料制品。浇注系统的设计是模具设计的重要环节，也是铸件能否顺利成型的关键，在设计时要遵循以下原则：①根据熔料特性和铸件形状合理布置，确保流量均匀，温度和压力分布均衡；②尽量缩短进料流程，减少弯折，以降低热量和压力损失，减少充模时间；③避免熔料正面冲击小型芯和嵌件，防止其发生变形和移位；④合理选择浇口位置和形式，以利于熔料流动、型腔排气和补料；⑤合理配置冷料井，以满足铸件的质量要求；⑥浇注系统的截面和长度(即体积)应尽可能地小，以减少成型材料的用量；⑦排气良好，能顺利引导熔料到达型腔的各个部位，避免产生湍流和涡流；⑧确保浇注系统凝料脱出方便，易于铸件分离或切除整修简单，且无损外观。

高温熔料在模具型腔中凝固会释放大量热量，为迅速排出热量，需要为模具设计冷却系统，加速模具冷却，促使产品快速成型。模具冷却的常用方法是在模具中开设冷却水道，利用循环流动的冷却水带走模具的热量。

图 6.01　模具浇注系统示例 1　　　　图 6.02　模具浇注系统示例 2

6.1　浇注系统概述

浇注系统的主要功能是将注塑材料熔体顺利、平稳地输送到模具型腔内部，并使之按要求充满型腔，在填充过程中将压力充分传递到模具型腔的各个部位，以便获得外形轮廓准确完整、内部组织优良的制品。

1．浇注系统的组成结构

塑料模具的浇注系统一般由主流道、分流道、冷却井和浇口等组成。

2．浇注系统的设计方法

在 Pro/Engineer 模具设计环境中创建浇注系统的方法有两种。

（1）在"模具"菜单管理器中选择"特征"|"型腔组件"命令，打开"特征操作"菜单，选择"实体"命令，打开"实体"菜单，如图 6.1 所示，可以使用该菜单中各种切减材料的方式创建浇注系统。

（2）在"模具"菜单管理器中选择"特征"|"型腔组件"命令，打开"特征操作"菜单，选择"模具"命令，打开"模具特征"菜单，如图 6.2 所示，选择"流道"命令，或者在模具设计环境中选择主菜单中的"插入"|"流道"命令，利用"流道"命令直接快速创建标准流道。

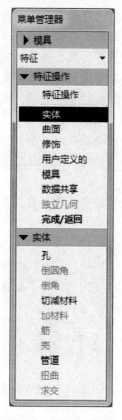

图 6.1　"实体"菜单

图 6.2　"模具特征"菜单

6.2　浇注系统设计

6.2.1　主流道的设计

下面通过一个简单实例介绍主流道的创建方法，模具型腔采用一模四件的布局形式，主流道为正圆锥形。

（1）单击"打开"按钮 ，弹出"文件打开"对话框，选择配套光盘中"6"|"6-2"|"unfinished"|"mfg_plate.mfg"文件，单击对话框中的"打开"按钮，打开后的模具如图 6.3(a) 所示。单击工具栏上的"执行模具开口分析"按钮 ，开模效果如图 6.3(b)所示。

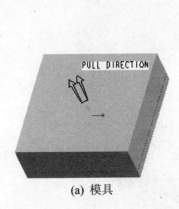

(a) 模具

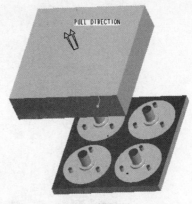

(b) 开模效果

图 6.3　模具及其开模效果

(2) 选择菜单管理器中的"完成/返回"命令。在"模具"菜单管理器中选择"特征"|
"型腔组件"命令。打开"特征操作"菜单，选择"实体"命令，打开"实体"菜单，选择
"切除材料"命令。在打开的"实体选项"菜单中选择"旋转"命令，然后选择"完成"命
令。打开"旋转"操作面板，如图 6.4 所示。

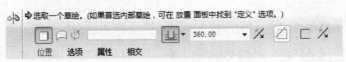

图 6.4　"旋转"操作面板

(3) 单击操作面板中的"位置"按钮，在弹出的"草绘"下拉面板中单击"定义"按
钮。弹出"草绘"对话框，在绘图区中选择 MOLD_FRONT 基准平面作为草绘平面，MOLD_
RIGHT 基准平面作为参照平面，方向为"右"。单击"草绘"对话框中的"草绘"按钮进入
草绘界面。单击工具栏中的"通过边创建图元"按钮 □，单击拾取工件的上边界线，再单击
工具栏中的"创建两点线"按钮 ＼，单击工具栏中的"删除段"按钮 ，删除多余的线
段，单击"中心线"按钮 ，在竖直对称中心线处创建旋转中心线，创建的草图如图 6.5
所示。单击工具栏中的"完成"按钮，退出草绘界面。然后单击"旋转"操作面板中的"完
成"按钮，完成主流道的创建，效果如图 6.6 所示。

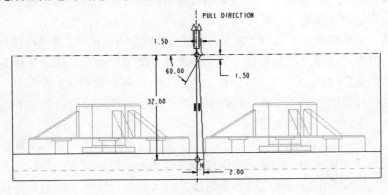

图 6.5　草图

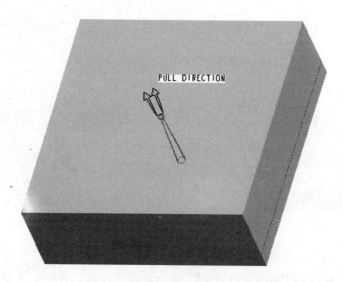

PULL DIRECTION

图 6.6　主流道

6.2.2　分流道的设计

1.　分流道基本知识

分流道是主流道与浇口之间的连接部分，起到分流和转向的作用，它是熔融塑料从主流道流入模具型腔的过渡段，使熔料的流向得到平稳的转换，同时向各型腔分配熔料。

1) 分流道的设计原则

设计分流道时，不仅要求塑料熔体通过分流道时压力损失和温度下降最小，而且还要求分流道将熔体快速、平稳、均匀地分配到浇口处填充型腔。对于不同材质的塑件，分流道设计会有所不同。

2) 分流道的布局设计

多型腔模具中分流道的设计要求各型腔尽量同时均匀进料，各流道尽量保持一致，排列紧凑，流程尽量短。分流道布局有 3 种基本的布置方式：标准型(人字形)、H 桥式(分岔)和放射状(星形)。总体上，分流道布局可以分为平衡式和非平衡式两种类型。

3) 分流道的设计方法和操作步骤

由于分流道结构比较复杂，一般不采用去除材料的方法创建，而是利用系统提供的流道特征直接快速创建标准流道，可提高设计效率。

在"模具"菜单管理器中选择"特征"|"型腔特征"命令，打开"特征操作"菜单，选择"模具"命令，打开"模具特征"菜单，选择"流道"命令，或者在模具设计环境中选择主菜单"菜单"|"流道"命令。弹出"流道"对话框，如图 6.7 所示。

在"流道"对话框中的"元素"列表中有 7 个选项，各选项的功能如下。

(1) 名称：用于定义流道的名称。

(2) 形状：用于定义流道的截面形状。双击该选项，打开"形状"菜单管理器，共提供了 5 种流道形状，依次为倒圆角、半倒圆角、六角形、梯形、倒圆角梯形。在"形状"菜单管理器中选择欲采用的标准流道界面选项，输入截面尺寸，草绘截面路径，最后流道就通过沿草绘路径扫描选定截面而创建出来。

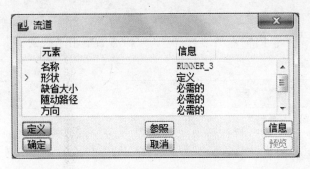

图 6.7 "流道"对话框

(3) 缺省大小：用于定义流道的尺寸。根据截面形状不同，流道尺寸定义会有所差异。

(4) 随动路径：用于创建流道路径。双击该选项，打开"设置草绘平面"菜单管理器，可以选取草绘平面创建流道路径，或直接选取已创建的流道路径。

(5) 方向：用于定义流道产生的方向。

(6) 段大小：用于修改某一段流道的尺寸。

(7) 求交零件：用于选取与流道相交的模具元件。双击该选项，弹出"相交元件"对话框，该对话框主要用于选取相交的模具元件，单击对话框中的"选取"按钮，然后在绘图区域中的模具模型上选取要与流道相交的模具元件，或者单击"自动添加"按钮，自动选取相交的模具元件，选取后的模具元件会显示在"模型名称"列表框内。

2. 分流道设计实例

(1) 用鼠标右键单击模型树中的凸模(MOLD_VOL_TUMO)，在弹出的快捷菜单中选择"隐藏"命令，将凸模暂时隐藏。

(2) 在"模具"菜单管理器中选择"特征"|"型腔组件"命令，打开"模具特征"菜单，选择"流道"命令，或者在模具设计环境中选择主菜单中的"插入"|"流道"命令。弹出"流道"对话框，如图 6.8 所示，并打开"形状"菜单管理器，如图 6.9 所示。

图 6.8 "流道"对话框

图 6.9 "形状"菜单管理器

(3) 在"形状"菜单管理器中选择"倒圆角"命令，弹出"消息输入窗口"对话框，如图 6.10 所示，在文本框内输入流道直径"2.5"，然后单击"接受值"按钮☑接受输入的流道直径。

图6.10 "消息输入窗口"对话框

(4) 打开"设置草绘平面"菜单管理器：在绘图区域中选取凹模的分型面(下表面)作为草绘平面，在展开的"方向"菜单中选择"正向"命令，继续在展开的"草绘视图"菜单中选择"缺省"命令，进入草绘界面，如图 6.11 所示。在弹出的"参照"对话框中选择MOLD_RIGHT 和 MOLD_FRONT 基准平面作为参照平面，如图 6.12 所示。然后单击对话框中的"关闭"按钮，退出"参照"对话框。

(5) 系统进入草绘模式，在草绘区中绘制如图 6.13 所示的分流道中心线，采用线框显示，然后单击草绘区工具栏中的"完成"按钮。

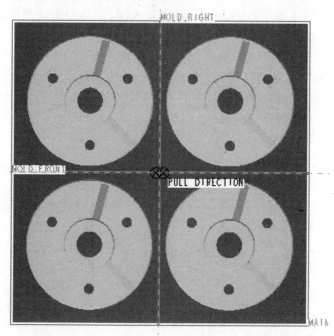

图6.11 草绘界面

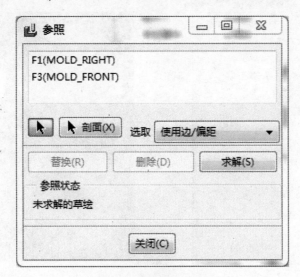

图 6.12 "参照"对话框

(6) 弹出"相交元件"对话框，要求选取与分流道相交的元件，在模型树中选取模具凹凸模作为相交元件，或者直接在"相交元件"对话框中勾选"Automatic Update"复选框，在对话框的列表中显示与分流道相交的模具元件，如图 6.14 所示，最后单击"确定"按钮完成操作。返回"流道"对话框后，单击对话框中的"确定"按钮，完成主分流道的设计，效果如图 6.15 所示。

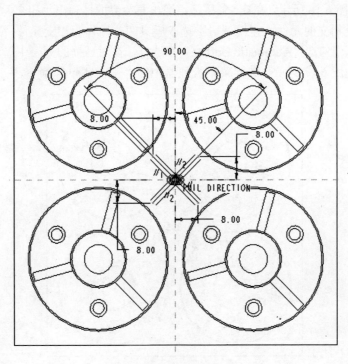

图 6.13 草绘分流道中心线

图 6.14　"相交元件"对话框

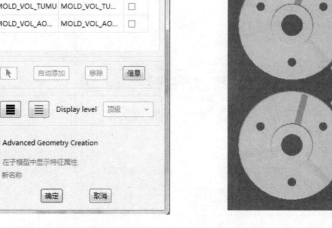

图 6.15　分流道

（7）选择"模具"菜单管理器中的"完成/返回"命令，选择"特征"|"型腔组件"|"流道"命令，打开"形状"菜单，选择"倒圆角"命令，弹出"输入流道直径"对话框，输入"1.5"。在打开的"流道"菜单中选择"草绘平面"选项，选择"使用先前的"命令，箭头朝下时选择"正向"|"缺省"命令。在弹出的"参照"对话框中选取 MOLD_FRONT 和 MOLD_RIGHT 基准平面作为参照，单击对话框中的"关闭"按钮，进入草绘界面。

（8）草绘如图 6.16 所示，单击 ✔ 按钮，退出草绘界面，弹出"相交元件"对话框，要求选取与分流道相交的元件，在模型树中选取模具凹凸模作为相交元件，或者直接在"相交元件"对话框中勾选"Automatic Update"复选框，在对话框的列表中显示与分流道相交的模具元件，如图 6.17 所示。选择菜单管理器中的"完成/返回"命令。

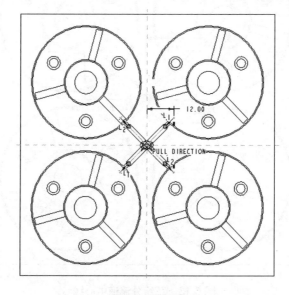

图 6.16　草绘

(9) 选择主菜单中的"文件"|"保存"命令，保存文件。

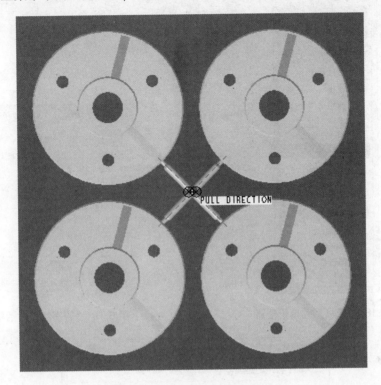

图 6.17　与分流道相交的模具元件

6.3　冷却系统的设计

6.3.1　冷却系统简介

为了满足注塑过程中对模具温度的要求，在模具零件上设计冷却系统，通过流体的流动，将热量带走，加速模具冷却，以缩短成型周期，提高塑件成型质量。

模具冷却常用的方法是在模具的型腔周围和型芯内开设冷却水道，利用循环流动的冷却介质(水、油、压缩空气等)带走模具的热量，以冷却模具加速成型。

6.3.2　冷却水道特征的创建

(1) 在"模具"菜单管理器中选择"特征"|"型腔组件"命令，打开"特征操作"菜单，选择"模具"命令，打开"模具特征"菜单，选择"等高线"命令，或者在模具设计环境中选择主菜单中的"插入"|"等高线"命令，如图 6.18 所示。

(2) 弹出"等高线"对话框，如图 6.19 所示，单击"定义"按钮，弹出"消息输入窗口"对话框。在"消息输入窗口"对话框中可以输入等高线圆环的直径，如图 6.20 所示，定义了等高线圆环的直径后，还需要定义回路的路径和指定末端条件。

图 6.18 "模具"菜单管理器

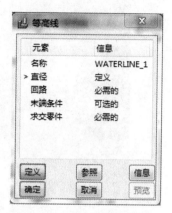

图 6.19 "等高线"对话框

图 6.20 "消息输入窗口"对话框

6.3.3 创建冷却水道的实例

下面通过一个实例介绍冷却系统中冷却水道的创建。

(1) 单击"打开"按钮 📂，弹出"文件打开"对话框，选择配套光盘中"6"|"6-3"|"unfinished"|"lengqueshuidao12-17-f.asm"文件，单击对话框中的"打开"按钮。

(2) 单击绘图区域右侧"基准"工具栏中的"基准平面"按钮，选择凹模元件的下表面作为参照平面，设置偏移距离为−15，即从凹模下表面向上(实体材料内部)偏移 15 mm，然后单击对话框中的"确定"按钮，创建基准平面 ADTM1，用线框显示，如图 6.21 所示。

(3) 在"模具"菜单管理器中选择"特征"|"型腔组件"命令，打开"特征操作"菜单，并自动选中"模具"命令，打开"模具特征"菜单，选择"等高线"命令，弹出"等高线"对话框，如图 6.22 所示。

(4) 可以利用该对话框，通过指定冷却水道的直径，草绘冷却水道的路径和指定末端条件来编辑冷却水道。在系统弹出的"消息输入窗口"对话框中"输入等高线圆环的直径"为"6"，如图 6.23 所示，单击 ✔ 按钮。

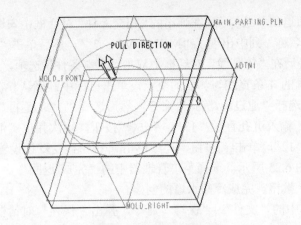

图 6.21　创建基准平面

图 6.22　"等高线"对话框

图 6.23　"消息输入窗口"对话框

(5) 选择基准平面 ADTM1 作为草绘平面，选择"草绘视图"菜单管理器中的"缺省"命令，进入冷却水道草绘界面，同时弹出"参照"对话框，选择 MOLD_RIGHT 和 MOLD_FRONT 基准平面作为参照，单击"关闭"按钮退出。草绘冷却水道，如图 6.24 所示。

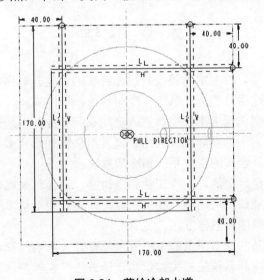

图 6.24　草绘冷却水道

(6) 单击☑按钮退出草绘界面，在弹出的"相交元件"对话框中勾选"Automatic Update 复选框"，在"模型名称"列中出现了"MOLD_VOL_3_"，然后单击"全选"按钮▤，单击"确定"按钮。最后在"等高线"对话框中双击"末端条件"选项，选取末端，按住 Ctrl 键，分别选中刚才画的 4 条直线与侧面的交点，单击鼠标中键确认。在菜单管理器中打开"规定端部"菜单，选择"通过 w/沉孔"命令，然后选择"完成/返回"命令，弹出"消息输入窗口"对话框，输入沉孔直径"12"，单击☑按钮，再次弹出"消息输入窗口"对话框，输入沉孔深度"12"，单击☑按钮，连续单击☑按钮接受默认设置，直到 4 条直线末端都设置完成，如图 6.25 所示。选择菜单管理器中的"完成/返回"命令。单击"等高线"对话框中的"确定"按钮，完成冷却水道的创建。

(7) 选择主菜单中的"文件"|"保存"命令，弹出"保存"对话框，单击"确定"按钮，保存文件。

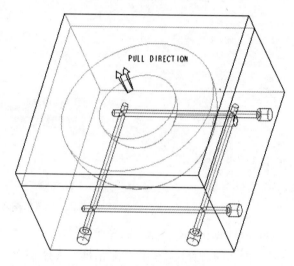

图 6.25 冷却水道

本 章 小 结

本章主要介绍了流道、冷却水道等模具组件特征的创建。利用模具设计的这些专用功能，可以方便快捷地创建模具的浇注系统和冷却系统。

通过本章的学习，要求读者不仅能够完成浇注系统和冷却系统创建和修改的软件基本操作，而且还应该掌握它们的实际工程应用。模具组件特征形式多种多样，在实际应用时应该针对不同的零件设计合理的浇注系统和冷却系统。

浇注系统包括主流道、分流道、冷却井和浇口等，设计起来比较复杂，特别是浇口的种类有多种，熟悉每种浇口的应用条件和优缺点，在实践中多学多练，积累丰富经验，总结各种浇注系统的应用范围和创建方法。

冷却系统对模具产品的成型质量和生产效率都有较大影响，读者要认真学习，初步了解一些模具浇注系统和冷却系统的相关知识和设计方法，在学习过程中需要参阅更多相关的专业资料和书籍，反复琢磨，认真体会，全面学习。

习　题

对如图 6.26 所示的模具创建浇注系统和冷却系统，效果如图 6.27 所示。

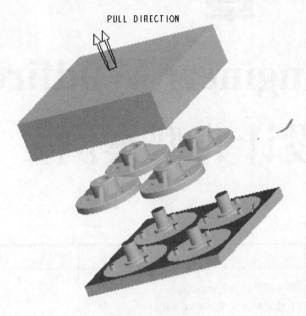

图 6.26　模具

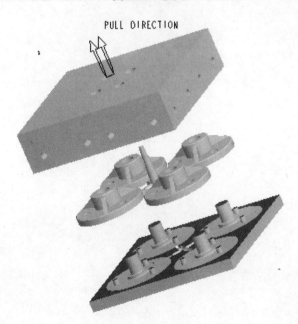

图 6.27　开模效果

第 7 章
Pro/Engineer Wildfire 5.0
模具设计典型案例

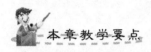 本章教学要点

知识要点	掌握程度	相关知识
模具设计典型案例	了解模具设计基本流程； 掌握不同类型零件的模具设计	日用生活类产品模具设计； 家用电器类产品模具设计； 摩托车零件模具设计

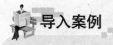 导入案例

典型零件的模具设计

模具是以特定的结构形式通过一定方式使材料成型的一种工业产品，同时也是能成批生产出具有一定形状和尺寸的工业产品零部件的一种生产工具，如图 7.01 所示。大到飞机、汽车，小到茶杯、钉子，大约 70% 的工业产品都必须依靠模具成型。用模具生产制件所具备的高精度、高一致性、高生产率是任何其他加工方法所不能比拟的。模具在很大程度上决定着产品的质量、效益和新产品开发能力。

图 7.01　模具示例

7.1　日用生活类产品模具设计

本节介绍日用生活类产品"牙签盒盖"的模具设计，主要采用体积块的方法进行设计。

7.1.1　打开文件

单击"打开"按钮 🖼，弹出"文件打开"对话框，选择配套光盘中"7"|"7-1"|"unfinished"|"fanli1"文件，单击对话框中的"打开"按钮，模型如图 7.1 所示。

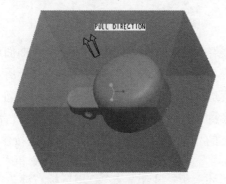

图 7.1　模型

7.1.2 创建聚合体积块

(1) 单击绘图区域右侧"模具/铸造制造"工具栏中的"模具体积块"按钮 ，进入模具体积块创建模式。用鼠标右键单击模型树中的"MFG0002_WRK_.PRT"工件，在弹出的快捷菜单中选择"隐藏"命令，将其暂时隐藏。选择主菜单中的"编辑"|"收集体积块"命令，打开"聚合体积块"菜单管理器，并自动选中"定义"命令。在"聚合步骤"菜单中，自动勾选了"选取"和"封闭"复选框，再勾选"填充"复选框即可，如图 7.2 所示，然后选择"完成"命令。

(2) 打开"聚合选取"菜单，自动选中"曲面和边界"命令，直接选择"完成"命令即可，系统在信息区提示"选取一个种子曲面"，选取参照模型内部底面作为种子曲面，然后选择参照模型的端面作为"边界曲面"(需封闭)，如图 7.3 所示。

图 7.2 "聚合体积块"菜单管理器

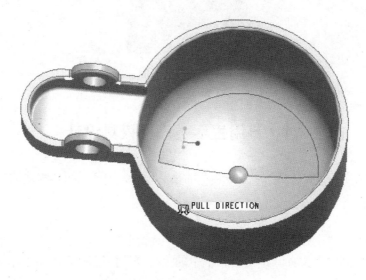

图 7.3 选取种子曲面和边界曲面

(3) 选择"特征参考"菜单中的"完成参考"命令和"曲面边界"菜单中的"完成/返回"命令，打开"聚合填充"和"特征参考"菜单，如图 7.4 所示。

(4) 自动选中"聚合填充"菜单中的"全部"命令和"特征参考"菜单中的"添加"命令，在信息区提示"指定要除去其所有内部围线的曲面"。然后选取参考模型内部有破孔的内表面，以填充该曲面上的孔，如图 7.5 所示(选取时，需按住 Ctrl 键)。

(5) 再次选择"特征参考"菜单中的"完成参考"命令和"聚合填充"菜单中的"完成/返回"命令。打开"封闭环"和"封合"菜单，用鼠标右键单击模型树中被隐藏的工件，在弹出的快捷菜单选择"取消隐藏"命令。在"封合"菜单中勾选"顶平面"和"全部环"复选框，如图 7.6 所示。

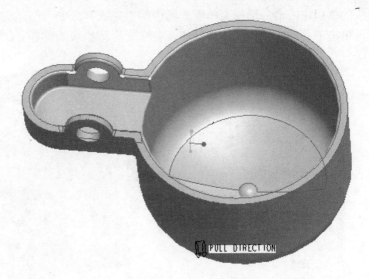

图 7.4　"聚合填充"和　　　　　　　　　图 7.5　选取有破孔的内表面
　　　　"特征参考"菜单

(6) 选择"完成"命令。系统在信息区中提示"选取或创建一个平面，盖住闭合的体积块"，此时选取工件的下表面作为要盖住闭合体积块的平面，如图 7.7 所示。

图 7.6　"封闭环"和　　　　　　　　　图 7.7　选取平面
　　　　"封合"菜单

(7) 选择"封合"菜单中的"完成"命令和"封闭环"菜单中的"完成/返回"命令。回到"聚合体积块"菜单管理器，如图 7.8 所示，选择"显示体积块"命令。可以预览生成的体积块，最后选择菜单管理器中的"完成"命令，创建出体积块，效果如图 7.9 所示，再单击工具栏中的"完成"按钮，完成聚合体积块的创建。

图 7.8 "聚合体积块"
菜单管理器

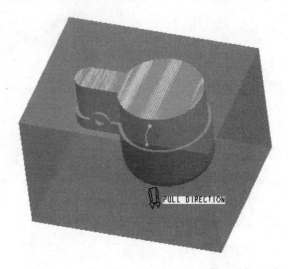

图 7.9 创建体积块

(8) 增加底座。单击工具栏中的"拉伸"按钮 ，打开"拉伸"操作面板，单击操作面板中的"放置"按钮，再单击"定义"按钮，弹出"草绘"对话框，选择工件前侧面作为草绘平面，系统自动选中下表面作为参照，方向设为"底部"，如图 7.10 所示。

(9) 单击"草绘"按钮进入草绘界面，弹出"参照"对话框，选择 MOLD_RIGHT 和 MAIN_PARTING_PLN 基准平面作为参照平面，单击"关闭"按钮退出"参照"对话框。绘制如图 7.11 所示的封闭轮廓。

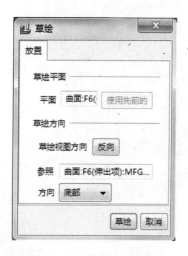

图 7.10 "草绘"对话框

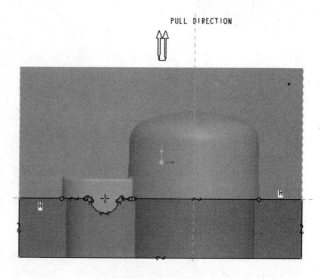

图 7.11 草绘

(10) 单击工具栏中的"完成"按钮退出草绘界面，单击"拉伸"操作面板中的"拉伸到参考平面"按钮 ⊥⊥，选择工件后表面作为参考平面，如图 7.12 所示。

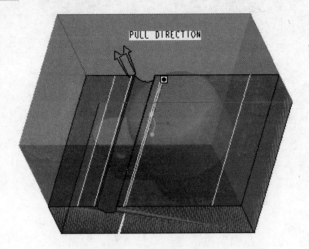

图 7.12　选择参考平面

(11) 单击"拉伸"操作面板中的 ✔ 按钮，完成拉伸特征的创建。单击工具栏中的按钮，退出体积块的创建。

7.1.3　创建侧孔体积块

(1) 单击工具栏中的，"拉伸"按钮 ⊡，打开"拉伸"操作面板，单击操作面板中的"放置"按钮，再单击"定义"按钮，弹出"草绘"对话框，选取工件前侧面作为参照平面，选择工件下表面作为参照平面，方向设为"底部"，如图 7.13 所示。

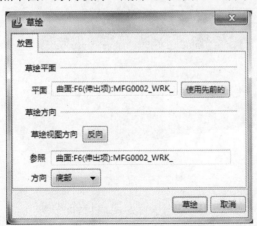

图 7.13　"草绘"对话框

(2) 单击"草绘"按钮进入草绘界面，弹出"参照"对话框，选择 MOLD_RIGHT 和 MAIN_PARTING_PLN 基准平面作为参照平面，单击"关闭"按钮退出"参照"对话框。单击工具栏中的"通过边创建图元"按钮 ▢，拾取参照模型圆孔边界作为参考，绘制如图 7.14 所示的封闭轮廓。

图 7.14　草绘

(3) 单击工具栏中的"完成"按钮退出草绘界面，单击"拉伸"操作面板中的"拉伸到参考平面"按钮 ⊥，选择参照模型内表面作为参考平面，如图 7.15 所示。

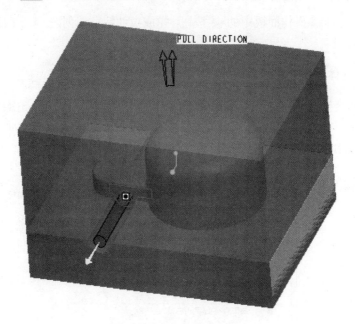

图 7.15　选择参考平面

(4) 单击"拉伸"操作面板中的 ☑ 按钮，退出拉伸界面。

(5) 再次单击工具栏中的"拉伸"按钮 ❏，在打开的"拉伸"操作面板中单击"放置"按钮，再单击"定义"按钮，弹出"草绘"对话框，草绘平面为"使用先前的"。单击"草绘"按钮进入草绘界面，弹出"参照"对话框，选择 MOLD_RIGHT 和 MAIN_PARTING_PLN 基准平面作为参照平面，单击"关闭"按钮退出"参照"对话框。以参照模型孔中心为圆心，绘制如图 7.16 所示直径为 10.00 的圆。

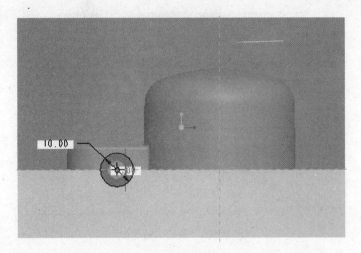

图 7.16　草绘

(6) 单击工具栏中的"完成"按钮退出草绘界面，设置拉伸长度为 5.00，方向指向工件内部，效果如图 7.17 所示。

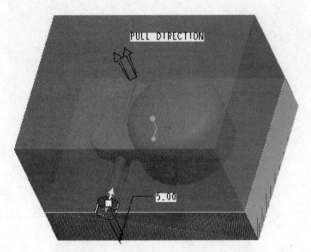

图 7.17　拉伸

(7) 单击"拉伸"操作面板中的 ✔ 按钮，完成拉伸特征的创建。单击工具栏中的"完成"按钮，退出体积块的创建。

(8) 创建另一侧孔拉伸体积块。单击工具栏中的"拉伸"按钮 ，打开"拉伸"操作面板，单击操作面板中的"放置"按钮，再单击"定义"按钮，弹出"草绘"对话框，选取工件后侧面为参照平面，选择工件下表面作为参照平面，方向设为"底部"，如图 7.18 所示。

(9) 单击"草绘"按钮进入草绘界面，弹出"参照"对话框，选择 MOLD_RIGHT 和 MAIN_PARTING_PLN 基准平面作为参照平面，单击"关闭"按钮退出"对照"对话框。单击工具栏中的"通过边创建图元"按钮 ，拾取参照模型圆孔边界作为参考，绘制如图 7.19 所示的封闭轮廓。

图 7.18 "草绘"对话框

图 7.19 草绘

(10) 单击工具栏中的"完成"按钮退出草绘界面,单击"拉伸"操作面板中的"拉伸到参考平面"按钮 ⬒,选择参照模型内表面作为参考平面,如图 7.20 所示。

图 7.20 选择参考平面

(11) 单击"拉伸"操作面板中的✔按钮，退出拉伸界面。

(12) 再次单击工具栏中的"拉伸"按钮，在打开的"拉伸"操作面板中单击"放置"按钮，再单击"定义"按钮，弹出"草绘"对话框，草绘平面为"使用先前的"。单击"草绘"按钮进入草绘界面，弹出"参照"对话框，选择 MOLD_RIGHT 和 MAIN_PARTING_PLN 基准平面作为参照平面，单击"关闭"按钮退出"参照"对话框。以参照模型孔中心为圆心，绘制如图 7.21 所示直径为 10.00 的圆。

(13) 单击工具栏中的"完成"按钮退出草绘界面，设置拉伸长度为 5.00，方向指向工件内部，如图 7.22 所示。

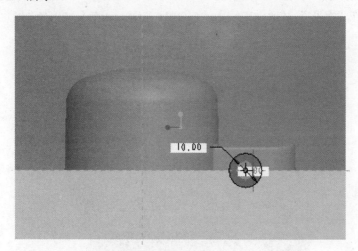

图 7.21　草绘

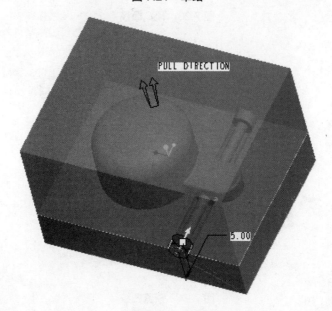

图 7.22　拉伸

(14) 单击"拉伸"操作面板中的✔按钮，完成拉伸特征的创建。单击工具栏中的"完成"按钮，退出体积块的创建。

7.1.4 分割体积块

(1) 单击工具栏中的"体积块分割"按钮 ⬛，打开"分割体积块"菜单管理器，在菜单管理器中选择"两个体积块""所有工件"和"完成"命令。弹出"分割"对话框，在绘图区域中选取已创建的聚合体积块作为分割曲面，单击鼠标中键确定，再单击"分割"对话框中的"确定"按钮。弹出"属性"对话框，单击对话框中的"着色"按钮，可以预览分割出的凸模，如图 7.23 所示，在"名称"文本框中输入"MOLD_VOL_tumo"，单击"确定"按钮，再次弹出"属性"对话框，单击"着色"按钮，可以预览分割出的凹模，如图 7.24 所示，在"名称"对话框中输入"MOLD_VOL_aomo"，单击"确定"按钮。

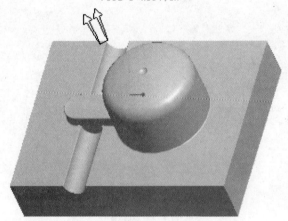

图 7.23　预览凸模

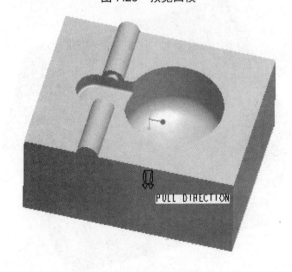

图 7.24　预览凹模

(2) 单击工具栏中的"体积块分割"按钮 ⬛，打开"分割体积块"菜单管理器，在菜单管理器中选择"一个体积块"、"模具体积块"和"完成"命令，弹出"搜索工具:1"对话框，在左下角的"项目"列表中"面组：F15(MOLD_VOL_AOMO)"，单击 ＞＞ 按钮添加到右边已选取"项目"列表中，如图 7.25 所示，然后单击"关闭"按钮退出该对话框。

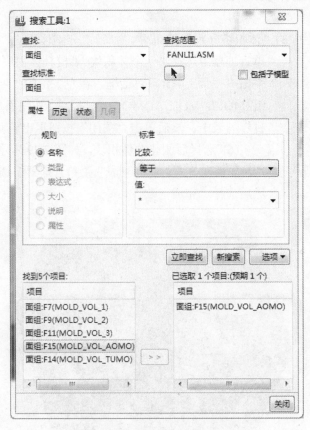

图 7.25　"搜索工具:1"对话框

(3) 选择前侧孔的体积块，如图 7.26 所示，单击鼠标中键确定，随后打开"岛列表"菜单管理器，勾选"岛 2"复选框，如图 7.27 所示，选择"完成选取"命令。

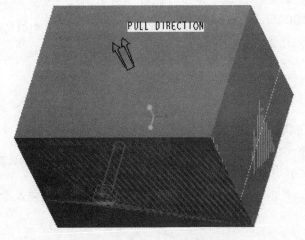

图 7.26　选择前侧孔体积块

图 7.27　"岛列表"菜单管理器

(4) 单击"分割"对话框中的"确定"按钮，弹出"属性"对话框，单击"着色"按钮，预览生成的体积块，如图 7.28 所示，在"名称"文本框中输入"MOLD_VOL_front"，单击"确定"按钮。

(5) 单击工具栏中的"体积块分割"按钮 ⬚，打开"分割体积块"菜单管理器，在菜单管理器中选择"一个体积块""模具体积块"和"完成"命令，弹出"搜索工具:1"对话框，在左下角的"项目"列表中选择面组"MOLD_VOL_AOMO"，单击 ⟩⟩ 按钮添加到右边已选取"项目"列表中，然后单击"关闭"按钮退出该对话框。

图 7.28　预览生成的体积块

(6) 选择后侧孔的体积块，如图 7.29 所示，单击鼠标中键确定，随后在打开的"岛列表"菜单管理器中选择"岛 2"复选框，然后选择"完成选取"命令。

图 7.29　选择后侧孔的体积块

(7) 单击"分割"对话框中的"确定"按钮，弹出"属性"对话框，单击"着色"按钮，预览生成的体积块，如图 7.30 所示。在"名称"文本框中输入"MOLD_VOL_back"，单击"确定"按钮，体积块分割完成。

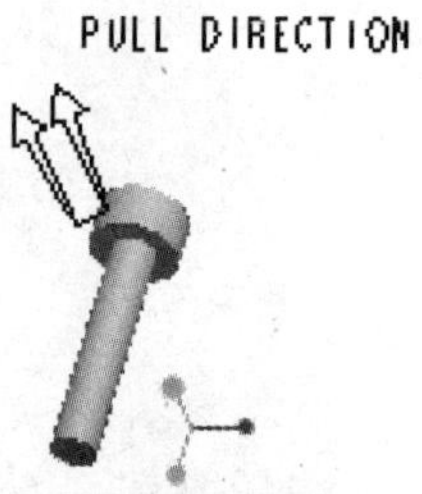

7.1.5　型腔插入

单击工具栏中的"型腔插入"按钮 ⬚，弹出"创建模具元件"对话框，如图 7.31 所示，按住 Ctrl 键选中 4 个体积块："MOLD_VOL_AOMO""MOLD_VOL_BACK""MOLD_VOL_FRONT"和"MOLD_VOL_TUMO"，单击"确定"按钮，左侧模型树即出现型腔插入零件。

图 7.30　预览生成的体积块

图 7.31　"创建模具元件" 对话框

7.1.6　铸模的创建

在 "模具" 菜单管理器中选择 "铸模" | "创建" 命令，在弹出的 "消息输入窗口" 对话框中输入铸件的名称 "ZHUMO"，单击 按钮，在 "输入模具名称" 文本框中输入 "ZHUMO"，单击 按钮，即完成铸模的创建。

7.1.7　遮蔽零件

(1) 单击工具栏中的 "遮蔽-取消遮蔽" 按钮 ，在打开的窗口中选择 "可见元件" 列表中的 "MFG0002_REF_" 和 "MFG0002_WRK_" 元件，单击 "遮蔽" 按钮将其遮蔽，如图 7.32 所示。

(2) 单击 "体积块" 按钮，选中所有体积块，单击 "遮蔽" 按钮，将其全部遮蔽，如图 7.33 所示。单击 "关闭" 按钮，关闭该窗口。

图 7.32　"遮蔽-取消遮蔽" 窗口(1)

图 7.33　"遮蔽-取消遮蔽" 窗口(2)

7.1.8 执行模具开模分析

(1) 单击工具栏中的"模具进料孔"按钮 ，在打开的"模具孔"菜单管理器中选择"定义间距"|"定义移动"命令，选择"MOLD_VOL_AOMO"模型，单击鼠标中键确定，选择凹模的上表面，沿其法线方向出现一个红色箭头，表示移动方向，同时弹出"消息输入窗口"对话框，输入沿指定方向的位移"100"，单击 按钮，在"定义间距"菜单中选择"完成"命令，完成凹模分解。效果如图 7.34 所示。

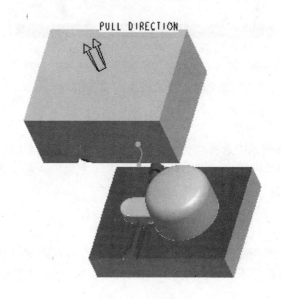

图 7.34 开模效果

(2) 在"模具孔"菜单管理器中选择"定义间距"|"定义移动"命令，选择模型树中的"MOLD_VOL_FRONT"模型，单击鼠标中键确定，选择凸模前侧面，沿其法线方向出现一个红色箭头，表示移动方向，同时弹出"消息输入窗口"对话框，输入沿指定方向的位移"100"，单击 按钮，在"定义间距"菜单中选择"完成"命令，完成前侧抽分解。

(3) 在"模具孔"菜单管理器中选择"定义间距"|"定义移动"命令，选择模型树中的"MOLD_VOL_BACK"模型，单击鼠标中键确定，选择凸模后侧面，沿其法线方向出现一个红色箭头，表示移动方向，同时弹出"消息输入窗口"对话框，输入沿指定方向的位移"100"，单击 按钮，在"定义间距"菜单中选择"完成"命令，完成后侧抽分解。

(4) 在"模具孔"菜单管理器中选择"定义间距"|"定义移动"命令，选择模型树中的"MOLD_VOL_TUMO"模型，单击鼠标中键确定，选择凸模下侧面，沿其法线方向出现一个红色箭头，表示移动方向，同时弹出"消息输入窗口"对话框，输入沿指定方向的位移"100"，单击 按钮，在"定义间距"菜单中选择"完成"命令，完成凸模分解。最终的开模效果如图 7.35 所示。

(5) 选择主菜单中的"文件"|"保存"命令，保存文件。

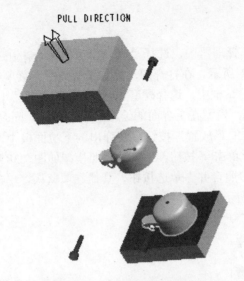

图 7.35 最终的开模效果

7.2 家用电器类产品模具设计

7.2.1 新建文件

选择"文件"|"新建"命令，在"新建"对话框中，选中"类型"选项组中的"制造"单选按钮、"子类型"选项组中的"模具型腔"单选按钮。取消勾选"使用缺省模板"复选框，如图 7.36 所示。单击"确定"按钮，选择"mmns_mfg_mold"模板，再次单击"确定"按钮进入设计界面。

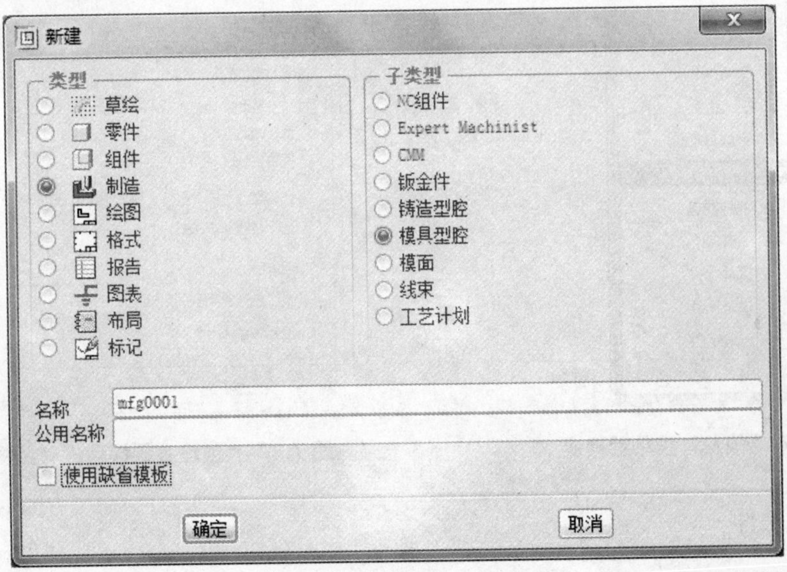

图 7.36 "新建"对话框

7.2.2　加载参照模型

(1) 在"模具"菜单管理器中，选择"模具模型"命令，在"模具模型"菜单中选择"装配"命令，如图 7.37 所示。在打开的"模具模型类型"菜单中，选择"参照模型"命令。在弹出的"打开"对话框中，选择配套光盘中"7"|"7-2"|"unfinished"|"cover.prt"文件。单击"打开"按钮，模型在主界面的绘图区域中显示。同时打开"装配"操作面板。

(2) 单击操作面板中的"放置"按钮，在弹出的下拉面板中，在"约束类型"下拉列表中选择"缺省"选项，单击 ☑ 按钮，装配的参照模型如图 7.38 所示。弹出"创建参照模型"对话框，选择"按参照合并"单选按钮，其他选项默认，单击"确定"按钮完成参照模型的装配，如图 7.39 所示。

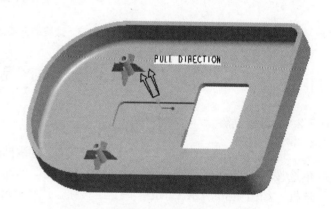

图 7.38　参照模型

图 7.37　"模具"菜单管理器

图 7.39　"创建参照模型"对话框

7.2.3　创建工件

在"模具"菜单管理器中选择"模具模型"|"创建"|"工件"|"自动"命令，弹出"自动工件"对话框。在工作区中选择参照模型的坐标系 MOLD_DEF_CSYS 作为模具原点，

其他参数设置如图 7.40 所示。单击"确定"按钮完成自动工件的创建，创建的自动工件如图 7.41 所示。

图 7.40 "自动工件"对话框

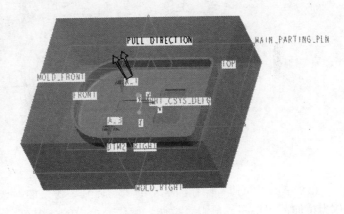

图 7.41 自动工件

7.2.4 创建模具体积块

(1) 单击工具栏中的"拉伸"按钮 ，打开"拉伸"操作面板，单击操作面板中的"放置"按钮，再单击"定义"按钮，弹出"草绘"对话框，选取参照模型的内底面作为草绘平面，右侧面作为参照平面，方向为"右"，如图 7.42 所示。

(2) 单击"草绘"按钮进入草绘界面，弹出"参照"窗口，拾取 MOLD_FRONT 和 MOLD_RIGHT 基准平面作为参照平面，单击"关闭"按钮。单击工具栏中的"通过边创建图元"按钮 ，在绘图区中拾取参照模型的内边缘，创建如图 7.43 所示的草图。单击工具栏中的"完成"按钮退出草绘界面。

图 7.42　"草绘"对话框

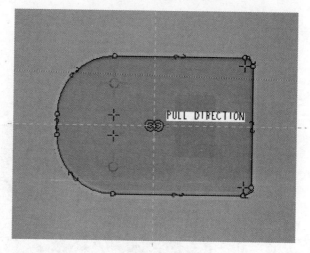

图 7.43　草绘

(3) 单击"拉伸"操作面板中的"拉伸到参考平面"按钮 ⊥，然后选取工件的上表面作为拉伸截止平面。单击"拉伸"操作面板中的 ✓ 按钮，退出拉伸界面，如图 7.44 所示。

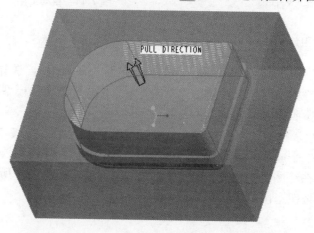

图 7.44　拉伸

(4) 选择主菜单中的"编辑"|"修剪"|"参照零件切除"命令，系统自动将草绘体积块与参照模型的相交部分切除，此时草绘体积块就生成了参照模型的型芯体积块，用鼠标右键分别单击模型树中的"MFG0001_REF.PRT"参照模型和"MFG0001_WRK.PRT"工件，在弹出的快捷菜单中选择"隐藏"命令，将参照模型和工件暂时隐藏，创建的体积块如图 7.45 所示。

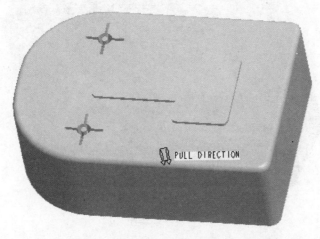

图 7.45 体积块

(5) 创建基座。取消参照模型和工件的隐藏，单击工具栏中的"拉伸"按钮，在打开的"拉伸"操作面板中单击"放置"按钮，再单击"定义"按钮，弹出"草绘"对话框，选择工件的上表面作为草绘平面，系统自动选中 MOLD_RIGHT 基准平面作为参照平面，方向为"右"。单击"草绘"按钮进入草绘界面，在弹出的"参照"对话框中选择 MOLD_FRONT 和 MOLD_RIGHT 基准平面作为参照平面，单击"关闭"按钮退出"参照"对话框。

(6) 单击主菜单栏中的 □ 按钮，参照模型以线框显示。单击工具栏中的"通过边创建图元"按钮 □，在绘图区中拾取工件的 4 条边界线，创建如图 7.46 所示的草绘截面。

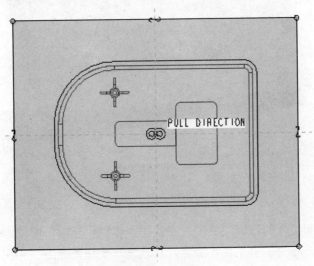

图 7.46 草绘截面

(7) 单击工具栏中的"完成"按钮退出草绘界面。单击"拉伸"操作面板中的"拉伸到参考平面"按钮 ⊥，然后选取参照模型的上端面作为拉伸截止平面，如图 7.47 所示。

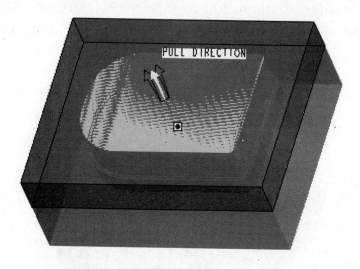

图 7.47　拉伸

(8) 单击"拉伸"操作面板中的 ✓ 按钮，退出拉伸界面，完成基座的创建，已创建的两个体积块会自动缝合。最后单击工具栏中的"完成"按钮，退出模具体积块的创建，将参照模型和工件暂时隐藏，创建的体积块如图 7.48 所示。

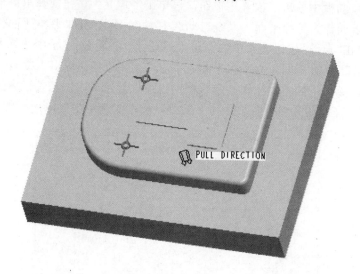

图 7.48　体积块

7.2.5　分割体积块

取消参照模型和工件的隐藏，单击工具栏的"体积块分割"按钮 ⬜，在菜单管理器中选择"两个体积块"和"所有工件"命令，再选择"完成"命令。弹出"分割"对话框，选择上一步创建的体积块，单击鼠标中键确认，单击"分割"对话框中的"确定"按钮。

弹出"属性"对话框,单击"着色"按钮,预览分割生成的体积块,如图 7.49 所示,在"名称"文本框中输入"MOLD_VOL_AOMO",单击"确定"按钮,再次弹出"属性"对话框,单击"着色"按钮,预览分割生成的体积块,如图 7.50 所示,在"名称"文本框中输入"MOLD_VOL_TUMO",单击"确定"按钮。

图 7.49 预览分割生成的体积块——凹模

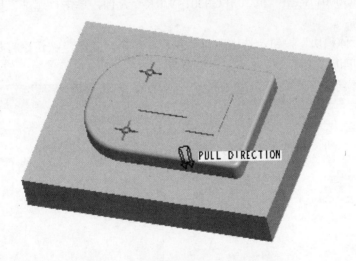

图 7.50 预览分割生成的体积块——凸模

7.2.6 型腔插入

单击工具栏中的"型腔插入"按钮 ⊕,弹出"创建模具元件"对话框,如图 7.51 所示,按住 Ctrl 键选中两个体积块:"MOLD_VOL_AOMO"和"MOLD_VOL_TUMO",单击"确定"按钮,系统提示修改名称,采用默认名称即可,模型树中即出现型腔插入零件。

图 7.51 "创建模具元件"对话框

7.2.7 铸模的创建

在"模具"菜单管理器中选择"铸模"|"创建"命令，在弹出的"消息输入窗口"对话框中输入铸件的名称"ZHUMO"，单击☑按钮，在"输入模具名称"文本框中输入"ZHUMO"，单击☑按钮，即完成铸模的创建。

7.2.8 遮蔽零件

(1) 单击工具栏中的"遮蔽-取消遮蔽"按钮 ，在打开的窗口中选择"可见元件"列表中的"MFG0001_REF"和"MFG0001_WRK"元件，单击"遮蔽"按钮将其遮蔽，如图 7.52 所示。

(2) 单击"体积块"按钮，选中所有体积块，单击"遮蔽"按钮，将其全部遮蔽，如图 7.53 所示。单击"关闭"按钮，关闭该窗口。

图 7.52 "遮蔽-取消遮蔽"窗口(1)

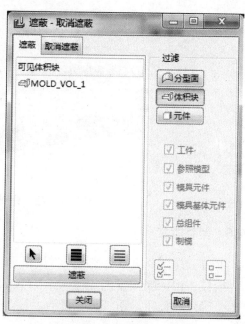

图 7.53 "遮蔽-取消遮蔽"窗口(2)

7.2.9　执行模具开模分析

(1) 单击工具栏中的"模具进料孔"按钮 ，在打开的"模具孔"菜单管理器中选择"定义间距"|"定义移动"命令，选择"MOLD_VOL_TUMO"模型，单击鼠标中键确定，选择凸模的上表面，沿其法线方向出现一个红色箭头，表示移动方向，同时弹出"消息输入窗口"对话框，输入沿指定方向的位移"70"，单击 按钮，在"定义间距"菜单中选择"完成"命令，完成凸模分解。

(2) 在"模具孔"菜单管理器中选择"定义间距"|"定义移动"命令，选择模型树中的"MOLD_VOL_AOMO"模型，单击鼠标中键确定，选择凹模下侧面，沿其法线方向出现一个红色箭头，表示移动方向，同时弹出"消息输入窗口"对话框，输入沿指定方向的位移"70"，单击 按钮，在"定义间距"菜单中选择"完成"命令，完成凸模分解。最后的开模效果如图 7.54 所示。

(3) 选择主菜单中的"文件"|"保存"命令，保存文件。

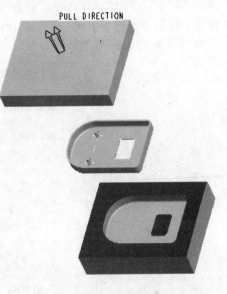

图 7.54　开模效果

7.3　摩托车零件类产品模具设计

7.3.1　设计任务概述

下面以摩托车后灯面板为例，介绍模具的分型面设计技巧、方法和特点，以及型芯、型腔的生成方法，其形状尺寸如图 7.55 所示。

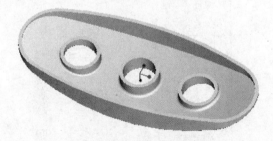

图 7.55　摩托车后灯面板

7.3.2　建立一个新的模具文件

(1) 选择主菜单中的"文件"|"新建"命令，在"新建"对话框中"类型"选项组中选择"制造"单选按钮，在"子类型"选项组中选择"模具型腔"单选按钮，输入文件名"motorcycle_mold"，取消勾选"使用缺省模板"复选框，然后单击"确定"按钮。

(2) 选择"mmns_mfg_mold"模板，单击"确定"按钮。

7.3.3　装配模具模型

在"模具"菜单处理器中选择"模具模型"|"装配"|"参照模型"命令，选择配套光盘中"7"|"7-3"|"unfinished"|"motorcycle.prt"文件，约束类型设置为"缺省"，单击 ✔ 按钮，弹出"创建参照模型"对话框，如图 7.56 所示，单击"确定"按钮。选择菜单管理器中的"完成/返回"命令。

图 7.56　"创建参照模型"对话框

7.3.4　收缩率设置

单击工具栏中的"按比例收缩"按钮 ⚬，弹出"按比例收缩"对话框，公式选用"1+S"。拾取坐标系 MOLD_DEF_CSYS，输入收缩率为"0.005"，如图 7.57 所示，单击 ✔ 按钮。选择菜单管理器"收缩"|"收缩信息"命令，打开如图 7.58 所示的窗口，可以查看收缩信息。选择"完成/返回"命令。

图 7.57　"按比例收缩"对话框

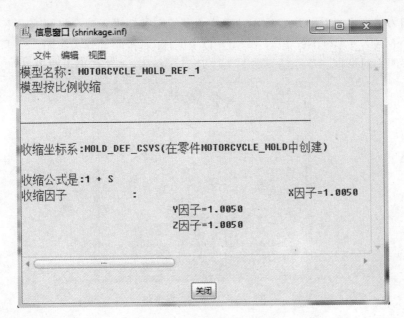

图 7.58 "信息窗口"窗口

7.3.5 创建工件

具体步骤如下。

(1) 在"模具"菜单管理器中选择"模具模型"|"创建"|"工件"|"手动"命令。弹出"元件创建"对话框,如图 7.59 所示,在"名称"文本框中输入"motorcycle_wrk",单击"确定"按钮,弹出"创建选项"对话框,选中"创建特征"单选按钮,如图 7.60 所示,单击"确定"按钮。

图 7.59 "元件创建"对话框

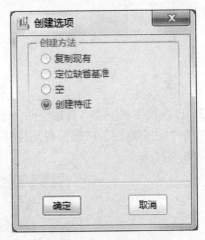

图 7.60 "创建选项"对话框

(2) 选择菜单管理器中"伸出项"命令,再选择菜单管理器中的"完成"命令,打开"拉伸"操作面板,单击操作面板中的"放置"按钮,再单击"定义"按钮,弹出"草绘"对话框,选取 MOLD_FRONT 基准平面作为草绘平面,MOLD_RIGHT 基准平面作为参照平面，方向为"右"，如图 7.61 所示。单击"草绘"按钮进入草绘界面，弹出"参照"对话框，选择 MAIN_PARTING_PLN 和 MOLD_RIGHT 基准平面作为参照，单击"关闭"按钮退出"参照"对话框。草绘结果如图 7.62 所示，单击✔按钮退出草绘界面。

图 7.61 "草绘"对话框

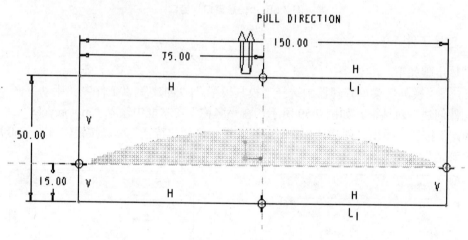

图 7.62 草绘

(3) 设置拉伸类型为"对称拉伸" ，拉伸深度值为"80"，单击✔按钮，再单击菜单栏中的"完成/返回"按钮，得到拉伸效果如图 7.63 所示。选择菜单管理器中的"完成/返回"命令。

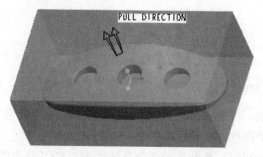

图 7.63 拉伸效果

7.3.6 创建分型面

(1) 单击工具栏中的"分型面"按钮 ，用鼠标右键单击模型树中的"motorcycle_wrk"工件，选择"隐藏"命令。选择参照零件的外表面，按 Ctrl+C 键进行复制，按 Ctrl+V 键进行粘贴，将参照零件"motorcycle_mold_ref"隐藏后的效果如图 7.64 所示。

(2) 将参照零件"motorcycle_mold_ref"撤销隐藏后，选择主菜单中的"编辑"|"填充"命令。进入"填充"界面，单击"参照"对话框中的"定义"按钮，弹出"草绘"对话框，选择摩托车后灯面板背面的"三个孔"端面作为草绘平面，如图 7.65 所示，MOLD_RIGHT基准平面作为参照，方向为"右"。单击"草绘"按钮进入草绘界面，参照"三个孔"的边界，绘制草图如图 7.66 所示，单击工具栏的 ✔ 按钮退出草绘界面，单击"填充"界面 ✔ 按钮完成填充操作。最终完成后的效果如图 7.67 所示。

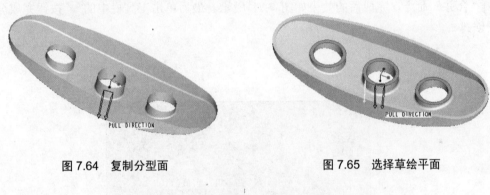

| 图 7.64 复制分型面 | 图 7.65 选择草绘平面 |

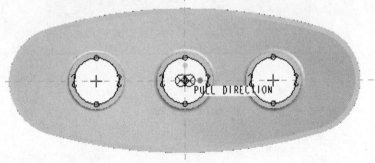

图 7.66 草绘

(3) 按住 Ctrl 键，将步骤(1)、(2)所创建的分型面都选中后，选择"编辑"|"合并"命令，完成后将参照零件"motorcycle_mold_ref"隐藏后的效果如图 7.68 所示。

(4) 将工件"motorcycle_wrk"、参照零件"motorcycle_mold_ref"都撤销隐藏后，选择主菜单中的"编辑"|"填充"命令，进入"填充"界面后，单击"参照"对话框中的"定义"按钮，弹出"草绘"对话框，选择摩托车后灯面板的底面作为草绘平面，MOLD_RIGHT基准平面作为参照，方向为"右"。单击"草绘"按钮进入草绘界面，将工件的矩形边缘作为参考边绘制与其重合的 4 条边界线，绘制草图如图 7.69 所示，单击工具栏的 ✔ 按钮退出草绘界面，单击"填充"界面的 ✔ 按钮完成填充操作。

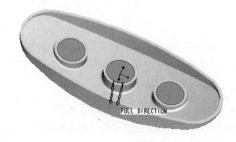

图 7.67 填充面

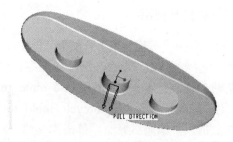

图 7.68 合并分型面

(5) 将工件"motorcycle_wrk"、参照零件"motorcycle_mold_ref"都隐藏后，选择步骤(3)中合并后的曲面，同时按住 Ctrl 键选择步骤(4)中的填充平面，如图 7.70 所示。选择"编辑"|"合并"命令，完成后的效果如图 7.71 所示。最后单击工具栏中的 ✔ 按钮完成分型面的创建。

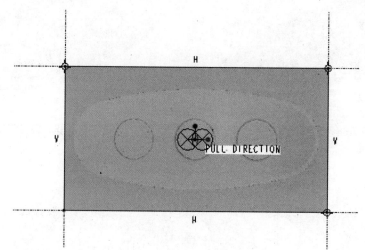

图 7.69 草绘

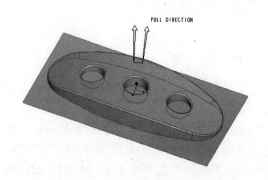

图 7.70 选择曲面

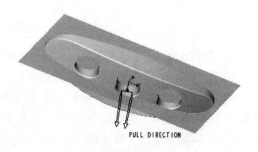

图 7.71 合并分型面

7.3.7　分割模具体积块

（1）将工件和参照模型取消隐藏。单击工具栏的"体积块分割"按钮 ，在打开的"分割体积块"菜单管理器中选择"两个体积块""所有工件"和"完成"命令。

（2）将模型以线框模式显示，选择创建的分型面，使其红色高亮显示。连续两次单击鼠标中键确认，弹出如图 7.72 所示的"属性"对话框，名称修改为"motorcycle_down"。单击"着色"按钮，预览分割出的体积块，如图 7.73 所示。单击"确定"按钮后弹出如图 7.74 所示的"属性"对话框，名称修改为"motorcycle_up"，单击"着色"按钮并翻转后绘图区模型如图 7.75 所示，再单击"确定"按钮完成。

图 7.72　"属性"对话框(1)

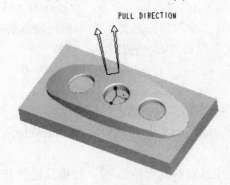

图 7.73　预览分割出的体积块(1)

图 7.74　"属性"对话框(2)

图 7.75　预览分割出的体积块(2)

7.3.8 抽取模具元件

单击工具栏的"型腔插入"按钮 ，在弹出的"创建模具元件"对话框中单击"选取全部体积块"按钮 ▤，然后单击"确定"按钮，完成模具元件的创建，如图 7.76 所示。

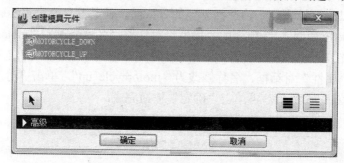

图 7.76 "创建模具元件"对话框

7.3.9 创建铸模

选择"模具"菜单管理器中的"铸模"命令，在展开的"铸模"菜单中选择"创建"命令，在系统信息区弹出的"输入零件名称"文本框内输入铸模零件名称"motorcycle_molding"，然后两次单击文本框右方的 ✔ 按钮。

7.3.10 模拟仿真开模

(1) 单击绘图区域顶部的"遮蔽-取消遮蔽"按钮 ◥，弹出"遮蔽-取消遮蔽"对话框。在对话框中将"motorcycle_mold_ref"参考模型、"motorcycle_wrk"工作和分型面遮蔽后关闭该对话框。

(2) 单击工具栏中的"模具进料孔"按钮 ⬚，对模具进行开模操作。打开"模具孔"菜单管理器，如图 7.77 所示。选择"定义间距"|"定义移动"命令，弹出"选取"对话框，如图 7.78 所示。

图 7.77 "模具孔"菜单管理器

图 7.78 "选取"对话框

(3) 选取绘图区域中的模具元件"motorcycle_down"，再单击"选取"对话框中的"确定"按钮。系统信息区提示用户选取移动参照，在模型中选取"motorcycle_down"元件的下表面作为移动参照，系统会以红色箭头标识移动方向，在信息区弹出的"输入沿指定方向的位移"文本框中输入"100"，再单击文本框右侧的"完成"按钮。返回"定义间距"

菜单，选择"完成"命令。采用同样的方法移动元件"motorcycle_up"。将其向上移动值设为 100，最终效果如图 7.79 所示。

(4) 选择"文件"|"保存"命令，将文件保存。

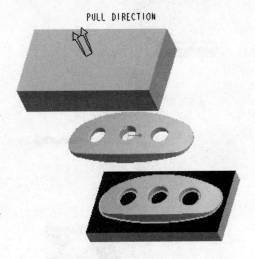

图 7.79　最终移动效果

本 章 小 结

本章主要通过典型实例，详细介绍了 Pro/Engineer Wildfire 5.0 模具设计的整个操作流程，目的是让读者通过大量练习，熟练掌握模具设计的整个过程，希望读者能够通过实例练习，举一反三，融会贯通。

习　　题

根据图 7.80 所示的零件，设计一套注塑模具，开模效果如图 7.81 所示。

图 7.80　零件

图 7.81　开模效果

第 **8** 章

Pro/Engineer Wildfire 5.0
注塑模具设计

 本章教学要点

知识要点	掌握程度	相关知识
注塑模具设计	了解注塑模具设计基本流程； 掌握零件的塑料模具设计	注塑模具简介； 注塑模具设计综合实例

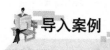

导入案例

典型零件的注塑模具设计

注塑模具是一种生产塑胶制品的工具，也是赋予塑胶制品完整结构和精确尺寸的工具，如图 8.01 所示。注塑模具由动模和定模两部分组成，动模安装在注射成型机的移动模板上，定模安装在注射成型机的固定模板上。在注射成型时动模与定模闭合构成浇注系统和型腔，开模时动模和定模分离以便取出塑料制品。

模具的结构虽然由于塑料品种和性能、塑料制品的形状和结构以及注射机的类型等不同而可能千变万化，但是基本结构是一致的。模具主要由浇注系统、调温系统、成型零件和结构零件组成。其中浇注系统和成型零件是与塑料直接接触的部分，并随塑料和制品而变化，是塑模中最复杂，变化最大，要求加工光洁度和精度最高的部分。

图 8.01 注塑模具示例

8.1 注塑模具简介

注塑成型：将受热融化的材料由高压射入模腔，经冷却固化后，得到成型零件的一种加工方法。注塑成型主要用于加工热塑型材料，有时也可以加工热固型材料。注塑成型的主要特点是生产效率高、容易实现自动化。因为注塑成型工艺特点显著，所以注塑模具成型应用最为广泛。

注塑模具：塑料注塑成型所用的模具。注塑模具能一次成型外形复杂、尺寸精度高或带有嵌件的塑料制品。注塑模具是生产各种工业产品的重要工艺装备。

8.2 注塑模具设计综合实例

8.2.1 注塑模具设计流程

注塑模具设计流程如图 8.1 所示。

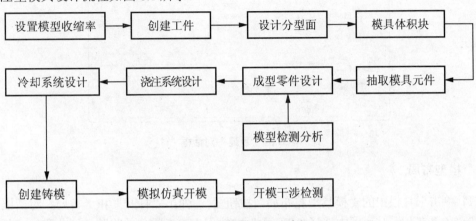

图 8.1 注塑模具设计流程

8.2.2 创建设计模型

下面以图 8.2 所示的风扇叶片为例，对注塑模具的设计进行介绍。当拿到一个设计模型时，首先要分析这个模型的结构，找出适宜的开模方向。

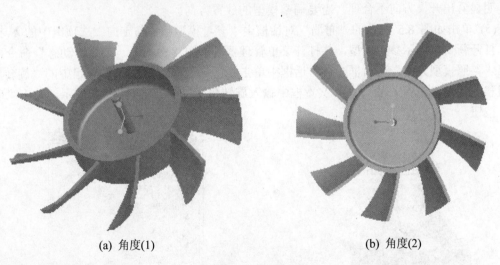

(a) 角度(1)   (b) 角度(2)

图 8.2 风扇叶片

8.2.3 新建模型文件

(1) 参照模型在配套光盘文件夹 "8" 中，将其设置为工作目录。

(2) 新建一个模具型腔文件，将它命名为 "fan_mold"，取消勾选 "使用缺省模板" 复选框，如图 8.3 所示，单击"确定"按钮，在弹出的对话框中选择"mmns_mfg_mold"模板。

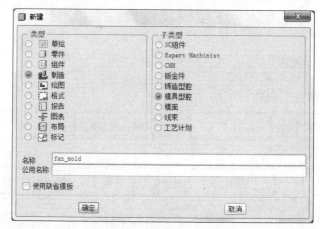

图 8.3 "新建"对话框

8.2.4　模型布局

(1) 单击工具栏中的"模具型腔布局"按钮 ，弹出"打开"和"布局"对话框。

(2) 在"打开"对话框中选择"fan.prt"零件作为参考零件并将其打开，弹出"创建参考模型"对话框。

(3) 在"创建参考模型"对话框中选择"按照参照合并"选项，其他采用默认设置，单击"确定"按钮。

(4) 在"布局"对话框中选择"单一"选项，单击"预览"按钮，预览结果如图 8.4 所示。明显看出开模方向不合理，需要调整模型的放置方向。

(5) 单击如图 8.5 所示的"布局"对话框中"参考模型起点与定向"选项组中的 按钮，打开新窗口显示参照模型，并打开菜单管理器，如图 8.6 所示，选择"动态"命令，弹出"参照模型方向"对话框，在对话框中单击"坐标系移动/定向"选项组中的"旋转"按钮和右侧 X 轴按钮，在"值"文本框中输入旋转角度"-90"，如图 8.7 所示，单击"确定"按钮。

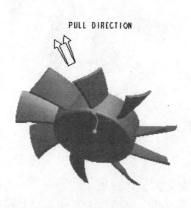

图 8.4　预览结果

图 8.5　"布局"对话框

图 8.6　菜单管理器

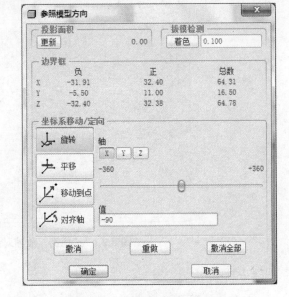

图 8.7　"参考模型方向"对话框

(6) 返回"布局"对话框，单击"预览"按钮，预览结果如图 8.8 所示，开模方向正确，单击"确定"按钮，完成模型布局。

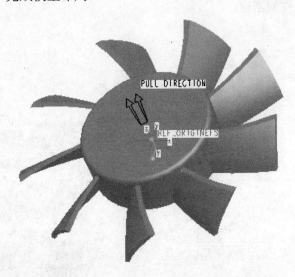

图 8.8　参考模型方向修改后的预览结果

8.2.5　设置模型伸缩率

单击绘图区工具栏的 ✂ 按钮，弹出"按比例收缩"对话框，选用公式"1+S"，单击
按钮并选取 PRT_CSYS_DEF 坐标系作为参考坐标系，输入收缩率"0.005"，如图 8.9 所示，
单击 ✔ 按钮完成收缩率设置。

图 8.9 "按比例"收缩对话框

8.2.6 创建工件

单击工具栏中的 按钮，弹出"自动工件"对话框，单击"模具原点"选项组中的 按钮，拾取 MOLD_DEF_CSYS 坐标系作为模具原点，如图 8.10 所示，设置 X、Y、Z 值。单击"预览"按钮，预览生成的工件，如图 8.11 所示，设置合理后单击"确定"按钮退出对话框，完成自动工件的创建。

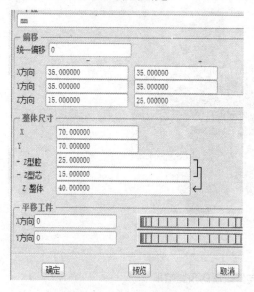

图 8.10 自动工件参数

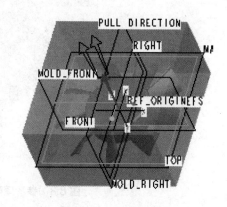

图 8.11 自动工件

8.2.7 创建分型面

1. 复制分型面

(1) 复制分型面 1。单击工具栏中的 图标，隐藏自动工件(在模型树中，选中创建的自动工件，单击鼠标右键，并在弹出的快捷菜单中选择"隐藏"命令)。单击绘图区顶部的按钮让模型以线框方式显示，选中叶片一个面后按 Ctrl+C 键，然后按 Ctrl+V 键完成一个面的复制，结果如图 8.12(a)所示，按住 Ctrl 键将其他面选中，结果如图 8.12(b)所示，特别注意不要漏选，叶片放大后会看到有些小地方没有选中，如图 8.13 所示，全部选中后单击 按钮完成分型面 1 的复制。

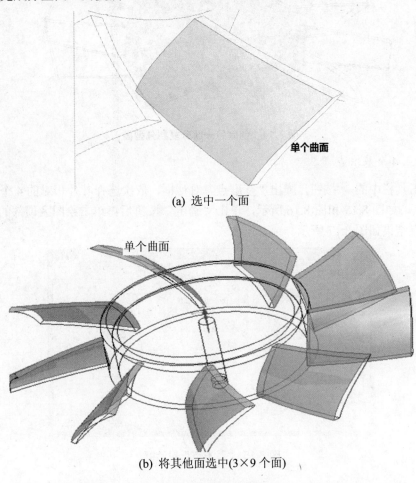

单个曲面

(a) 选中一个面

单个曲面

(b) 将其他面选中(3×9 个面)

图 8.12　选择分型面

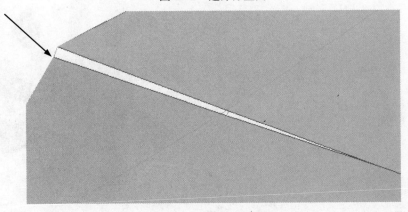

图 8.13　很容易遗漏的面

(2) 复制分型面 2。同理复制创建风扇叶片另一部分分型面，结果如图 8.14 所示。单击工具栏中的 按钮，完成复制分型面的创建。

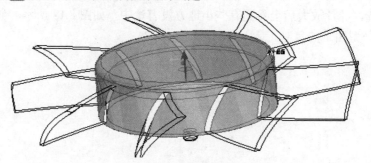

图 8.14　创建另一部分复制分型面

2．建立 4 个基准点

单击工具栏中的 按钮，弹出"基准点"对话框，依次选择叶片相对的 4 个点来创建 4 个基准点，如图 8.15 和图 8.16 所示，单击"确定"按钮后再单击绘图区顶部的 按钮，创建基准点结果如图 8.17 所示。

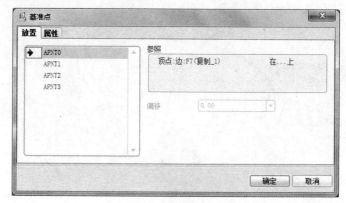

图 8.15　"基准点"对话框

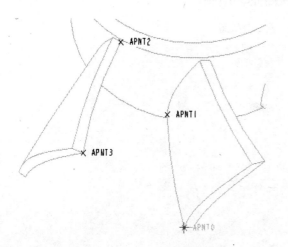

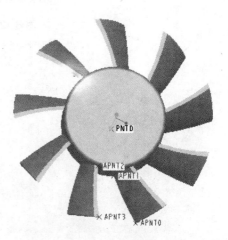

图 8.16　4 个基准点的位置　　　　　图 8.17　4 个基准点创建结果

3. 建立两个基准平面

(1) 单击绘图区顶部的 按钮，显示基准平面，单击工具栏中的 按钮，弹出"基准平面"对话框，按住 **Ctrl** 键依次选中基准点 APTN1、APTN2 和基准平面 MAIN_PARTING_PLN，如图 8.18 所示。

(2) 同理建立另一个基准平面，如图 8.19 所示，建立的两个基准平面如图 8.20 所示。

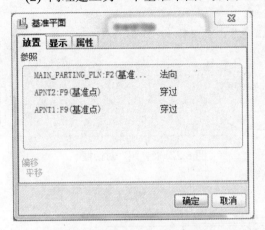

图 8.18　"基准平面"对话框(1)　　　　图 8.19　"基准平面"对话框(2)

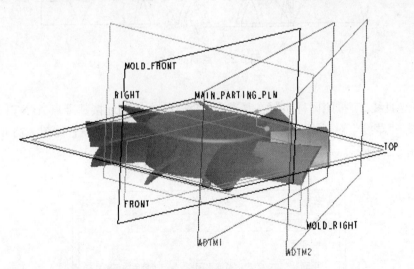

图 8.20　创建基准平面 ADTM1 和 ADTM2

4. 草绘两条直线

(1) 草绘直线 1。单击工具栏中的 按钮，弹出"草绘"对话框，选择 ADTM2 基准平面作为草绘平面，其他设置如图 8.21 所示，单击"草绘"按钮进入草绘界面，弹出"参照"对话框，选择 APNT0 和 APNT3 基准点作为参照，如图 8.22 所示。绘制连接从基准点 APNT0 到基准点 APNT3 的直线，如图 8.23 所示，单击✔按钮完成草绘直线。

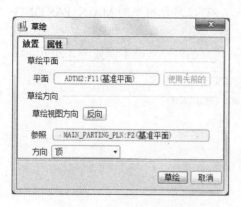

图 8.21 "草绘"对话框

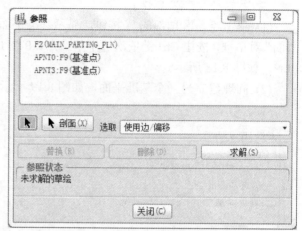

图 8.22 "参照"对话框

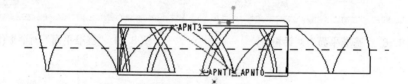

图 8.23 绘制的直线

(2) 草绘直线 2。按照同样步骤在基准面 ADTM1 上绘制连接基准点 APNT1 和 APNT2 的草绘直线。"草绘"对话框设置如图 8.24 所示,"参照"对话框设置如图 8.25 所示,绘制的直线如图 8.26 所示。

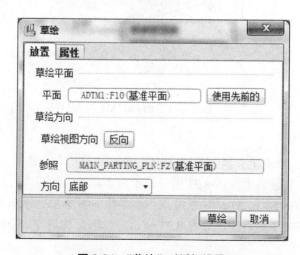

图 8.24 "草绘"对话框设置

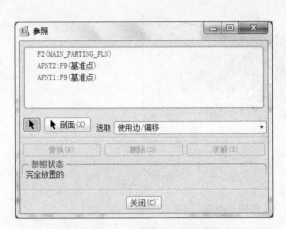

图 8.25　"参照"对话框设置

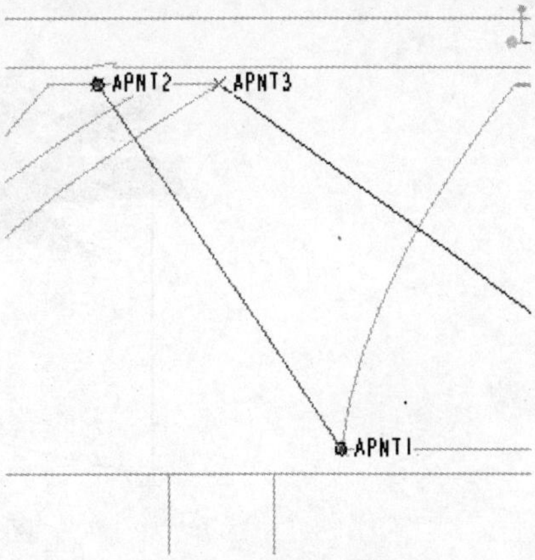

图 8.26　绘制的直线

5. 创建投影线

(1) 选中图 8.26 中加亮的线(作为投影线)，选择主菜单中的"编辑"|"投影"命令，如图 8.27 所示。

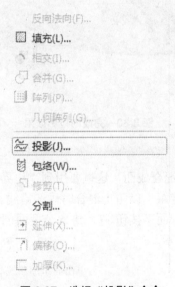

图 8.27　选择"投影"命令

(2) 选取要投影到的曲面：在"投影"操作面板中单击"选取项目"按钮，如图 8.28 所示，并选取图 8.29 所示的曲面作为要投影到的曲面，单击 ✓ 按钮，投影曲线如图 8.30 所示，系统自动隐藏草绘曲线。

| 曲面 | ● 选取项目 | 方向 | 沿方向 ▼ | 1个平面 | ⤡ |

图 8.28　"投影"操作面板

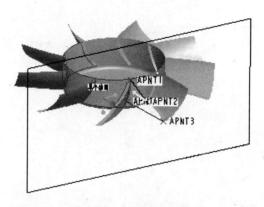

图 8.29　投影到的曲面

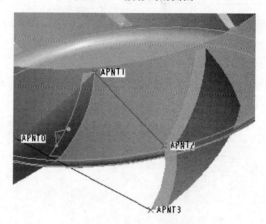

图 8.30　完成的投影效果

6. 创建边界混合分型面

接下来要将前面建立的线混合成面，这里要用到"边界混合"命令。注意这里最好将草绘 2(即图 8.26 中加亮的线)隐藏，以防止混合时候选错线。

(1) 单击工具栏中的"分型面"按钮 ，进入分型面创建界面单击 按钮打开"边界混合"操作面板，如图 8.31 所示。

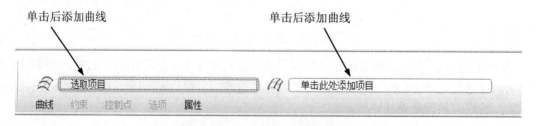

图 8.31　"边界混合"操作面板

(2) 单击"选取项目"按钮并按住 Ctrl 键选择两条前面创建的线作为第一方向约束曲线，如图 8.32 所示，然后单击"单击此处添加项目"按钮，并按住 Ctrl 键选择叶片的两条边作为第二方向约束曲线，如图 8.33 所示，完成后，单击 按钮，效果如图 8.34 所示。单击工具栏中的 按钮。

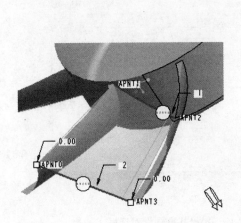

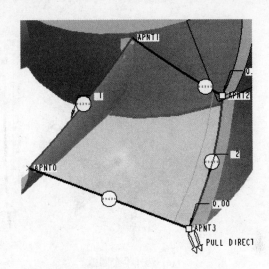

图 8.32　选择第一方向约束曲线　　　　　图 8.33　选择第二方向约束曲线

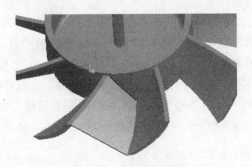

图 8.34　完成边界混合

7.　阵列

(1) 对边界混合的曲面进行阵列操作。在模型树中选中前面创建的"边界混合 1"选项，然后单击鼠标右键，在弹出的快捷菜单中选择"阵列"命令，如图 8.35 所示(也可以在主菜单中选择"编辑"|"阵列"命令进行阵列操作)。

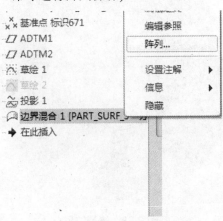

图 8.35　选择"阵列"命令

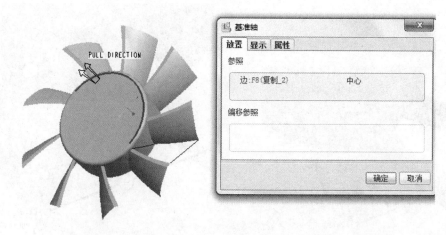

(a) 选择半个圆弧　　　　　　　　　　(b) "基准轴"对话框

图 8.36　建立基准轴

(2) 阵列时选择通过"轴"阵列。选择坐标系 Z 轴或者立即创建一条轴线。单击工具栏中的 ✎ 按钮，进入基准轴创建界面(这时"阵列"操作面板最右边的 ▌▌ 按钮变成 ▶ 按钮，表示暂停了阵列使用，要重新回到"阵列"操作面板，再次单击 ▶ 按钮使它变成 ▌▌ 按钮即可)，选择半个圆弧，如图 8.36 所示，单击"确定"按钮，完成基准轴的建立。

(3) 单击 ▶ 按钮回到"阵列"操作面板，并在阵列"数量"和"角度"文本框中分别输入"9"和"40"，如图 8.37 所示，单击 ✓ 按钮完成阵列，效果如图 8.38 所示。

图 8.37　"阵列"操作面板

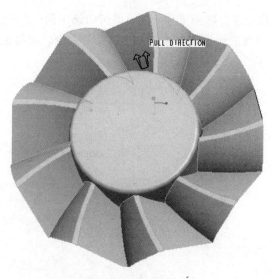

图 8.38　阵列结果

8. 分型面合并

(1) 合并 1。在模型树中用鼠标右键单击阵列分型面中的最后一个面，在弹出的快捷菜单中选择"重定义分型面"选项。按住 Ctrl 键选中"复制 1"，并依次选中阵列的 9 个曲面(注意：选取阵列的 9 个边界混合曲面时要一个一个地选，不能直接选取阵列，否则"合并"选项不可用)，如图 8.39 所示。然后选择主菜单中的"编辑"|"合并"命令，如图 8.40 所示，合并结果如图 8.41 所示。

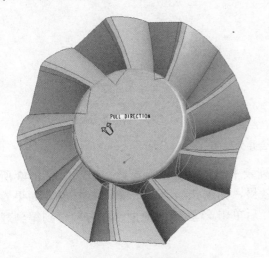

图 8.39　选择要合并的面

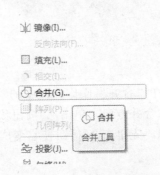

图 8.40　选择"合并"命令

(a)

(b)

图 8.41　合并的结果

(2) 合并 2。同理，将刚刚完成的"合并 1"和"复制 2"合并。按住 Ctrl 键选取"复制 2"和"合并 1"，如图 8.42(a)所示，选择"编辑"|"合并"命令进行合并设置，如图 8.42(b)所示。

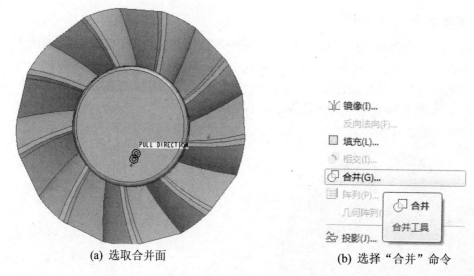

(a) 选取合并面　　　　　　　　　　　　(b) 选择"合并"命令

图 8.42　合并分型面

(3) 在"合并"操作面板中的"选项"列表中选择"连接"单选按钮,如图 8.43 所示。注意合并方向,单击 ∞ 按钮预览合并效果,如图 8.44 所示,单击 ☑ 按钮,如果效果不理想,先单击 ▶ 按钮使它变成 ❚❚ 按钮,后单击 ⁒ 按钮改变面合并方向直到得到理想的结果。

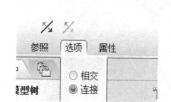

图 8.43　选择"连接"单选按钮　　　　　图 8.44　理想的合并结果

9. 延伸分型面

由于要创建的分型面需要与创建的自动工件完全相交,因此需要把剩下的面补充完整。这里要用到"延伸"功能。

(1) 用鼠标右键单击模型树中的"FAN_MOLD_WRK.PRT"工件,在弹出的快捷菜单中选择"取消工件隐藏"命令,然后选中分型面上的一条边(左边的边),如图 8.45 所示,然后按住 Shift 键选中右边的边,松开 Shift 键,按照逆时针方向选中从第一条边到第二条边之间的边,如图 8.46 所示。

图 8.45　选中第一条边

图 8.46　选中作为延伸的边

(2) 选择主菜单中的"编辑"|"延伸"命令，如图 8.47 所示，打开"延伸"操作面板，单击 图标，如图 8.48 所示，使线延伸到参考平面，单击"选取项目"按钮并选取工件表面作为参考平面，如图 8.49 所示。

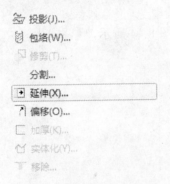

图 8.47　选择"延伸"命令

图 8.48　使线延伸到参考平面

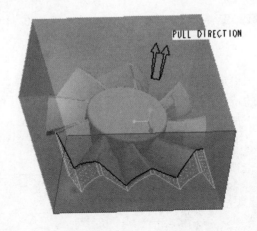

图 8.49　选择要延伸到的参考平面

(3) 同理再做 3 次延伸，分别如图 8.50、图 8.51 和图 8.52 所示，隐藏工件后可以看到最后的叶片分型面基本完成，如图 8.53 所示。

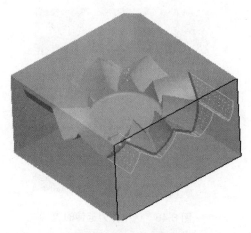

图 8.50　第二次延伸

图 8.51　第三次延伸

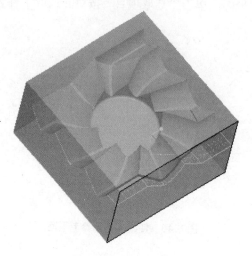

图 8.52　第四次延伸

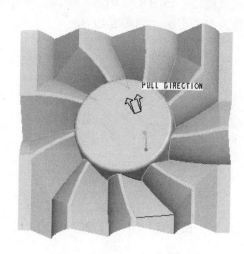

图 8.53　4 次延伸后的结果

10.　创建组

为了使导航栏看起来更加简洁明朗，可以建立"组"。

选中要合并生成组的特征，如图 8.54 所示，单击鼠标右键，在弹出的快捷菜单中选择"组"命令，如图 8.55 所示。

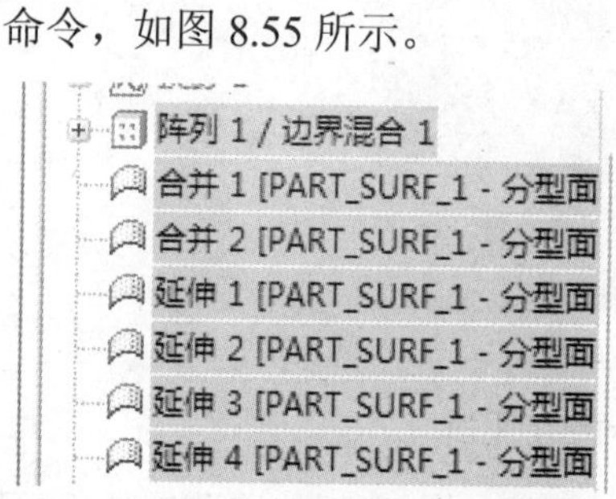

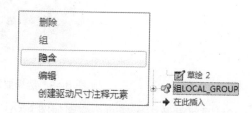

图 8.54　选择要合并生成组的特征

图 8.55　选择"组"命令

11. 创建侧抽分型面

如图 8.56 所示，由于风扇叶片下面有凹进去部分，所以需要做侧抽。

(1) 复制：用鼠标右键单击模型树中的"fan_mold_ref"零件，在弹出的快捷菜单中选择"取消隐藏"命令。再次用鼠标右键单击模型树中的"fan_mold_wrk"零件，在弹出的快捷菜单中选择"隐藏"命令。然后选中凹槽面的一半，如图 8.56 所示。

单击工具栏中的 按钮进入分型面建立界面，先按 Ctrl+C 键复制该凹面，再按 Ctrl+V 键粘贴该面，单击 按钮，即完成复制分型面的建立。

(2) 延伸：选中刚刚建立的复制分型面，选中分型面的一条边界线，然后按住 Shift 键将复制的分型面的其他边界线全部选中，如图 8.57 所示。然后选择主菜单中的"编辑"｜"延伸"命令，打开"延伸"操作面板。然后单击 按钮，并选中工件外表面作为要延伸到的参考平面，如图 8.58 所示，单击 按钮，效果如图 8.59 所示。单击工具栏中的 按钮，完成侧抽分型面的创建。

图 8.56　选择凹面

图 8.57　选中要延伸的线

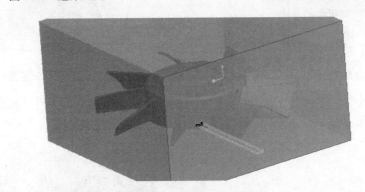

图 8.58　选取参考平面

图 8.59　完成一边侧抽

(3) 同理，对另一半进行同样的复制与延伸操作。

复制：选择剩下的另一半凹槽面，单击工具栏中的 按钮进入分型面建立界面，先按 Ctrl+C 键复制该凹面，再按 Ctrl+V 键粘贴该面，单击 按钮，即完成复制分型面的建立。

延伸：选中刚刚创建的复制分型面，选择该分型面的一条曲线，然后按住 Shift 键将其他线选中。选择主菜单中的"编辑"|"延伸"命令，在打开的"延伸"操作面板中单击 按钮，并选中工件外表面作为要延伸到的参考平面，单击 按钮，效果如图 8.60 所示。单击工具栏中的 按钮，完成侧抽分型面的创建。至此分型面创建完毕。

图 8.60　另一半侧抽

8.2.8　分割体积块

(1) 单击工具栏中的"体积块分割"按钮，打开"分割体积块"菜单管理器，选择"两个体积块"和"所有工件"命令，如图 8.61 所示，选择"完成"命令。弹出"分割"对话框，选中前面创建的合并分型面作为分割面，如图 8.62 所示，单击鼠标中键确认，单击"分割"对话框中的"确定"按钮。

图 8.61　"分割体积块"菜单管理器

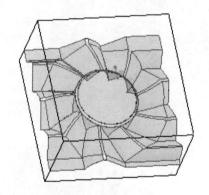

图 8.62　选中分型面

(2) 弹出"属性"对话框，单击"着色"按钮，预览分割生成的元件，如图 8.63 所示，在"名称"文本框中输入"mold-down-1"，单击"确定"按钮。

(a)"属性"对话框

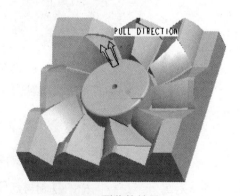

(b) 预览的效果

图 8.63　体积块 mold-down-1

弹出"属性"对话框，单击"着色"按钮，预览分割生成的元件，如图 8.64 所示，在"名称"文本框中输入"mold- up-1"，单击"确定"按钮。

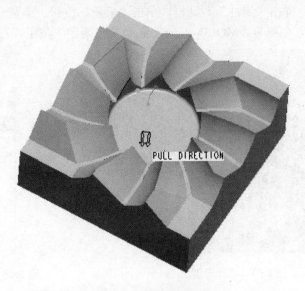

图 8.64　体积块 mold-up-1

(3) 再次单击工具栏中的"体积块分割"按钮 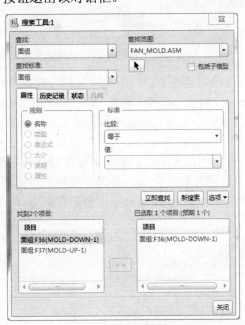，在菜单管理器中选择"一个体积块"和"模具体积块"命令，如图 8.65 所示，选择"完成"命令。弹出"搜索工具:1"对话框，选取"面组：F36(MOLD-DOWN-1)"后单击 `>>` 按钮将它添加到右侧的已选中"项目"列表中，如图 8.66 所示。单击"关闭"按钮退出该对话框。

图 8.65　"分模体积块"
　　　　　菜单管理器

图 8.66　选取模具体积块

（4）选取右侧侧抽分型面，如图 8.67 所示，单击鼠标中键确认，在打开的菜单管理器中勾选"岛 2"复选框，如图 8.68 所示，选择"完成选取"命令。回到"分割"对话框，单击"确定"按钮，弹出"属性"对话框，单击"着色"按钮，预览分割出来的体积块，如图 8.69 所示，输入名称为"MOLD-slider-r"，单击"确定"按钮。

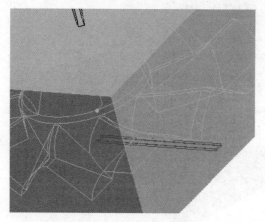

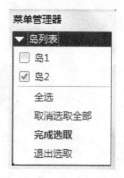

图 8.67 选择分型面　　　　　　　　　　图 8.68 选择"岛 2"复选框

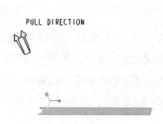

(a)"属性"对话框　　　　　　　　　　　　(b) 预览的效果

图 8.69 右侧侧抽体积块 MOLD-slider-r

（5）再次单击工具栏中的"体积块分割"按钮，在菜单管理器中选择"一个体积块"和"模具体积块"命令，选择"完成"命令。弹出"搜索工具:1"对话框，选取面组"MOLD-DOWN-1"后单击 按钮将它添加到右侧的已选中"项目"列表中，单击"关闭"按钮退出该对话框。

（6）选取左侧侧抽分型面，单击鼠标中键确认，在弹出的菜单管理器中勾选"岛 2"复选框，选择"完成选取"命令。回到"分割"对话框，单击"确定"按钮，弹出"属性"对话框，单击"着色"按钮，预览分割出来的体积块，如图 8.70 所示，输入名称"mold-slider-l"，单击"确定"按钮。

(a)"属性"对话框　　　　　　　　　　　　(b) 预览的效果

图 8.70 左侧侧抽体积块 mold-slider-l

8.2.9　抽取模具元件

单击工具栏中的"型腔插入"按钮，弹出"创建模具元件"对话框，单击"选取全部体积块"按钮，选中全部体积块，如图 8.71 所示，单击"确定"按钮，完成抽取模具元件。

8.2.10　创建浇注系统

1.　主流道的创建

选择菜单管理器中"特征"命令，在"模具模型类型"下拉菜单中选择"型腔组件"命令，在"特征操作"菜单中选择"实体"命令，然后选择"实体"菜单中的"切减材料"命令，再选择"旋转"命令，如图 8.72 所示(选择主菜单中的"编辑"|"旋转"命令可以达到同样效果)。

图 8.71　"创建模具元件"对话框

(a) 选择"型腔组件"命令　(b) 选择"实体"命令　(c) 选择"切减材料"命令　(d) 选择"旋转"命令

图 8.72　菜单管理器

选择"完成"命令，打开"旋转"操作面板，单击"放置"按钮，再单击"定义"按钮，弹出"草绘"对话框，选择基准平面 MOLD-RIGHT 作为草绘平面，选择基准平面 MAIN-PARTING-PLN 作为参照平面，方向为"顶"，如图 8.73 所示，单击"草绘"按钮进入草绘界面。绘制草图如图 8.74 所示。单击工具栏中的"完成"按钮完成草绘，回到"旋转"操作面板，单击 ✔ 按钮完成主流道的创建，如图 8.75 所示，选择菜单管理器中的"完成/返回"命令。

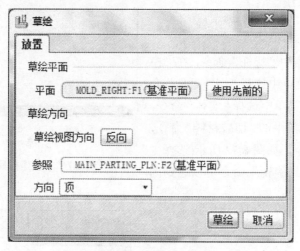

图 8.73 "草绘"对话框

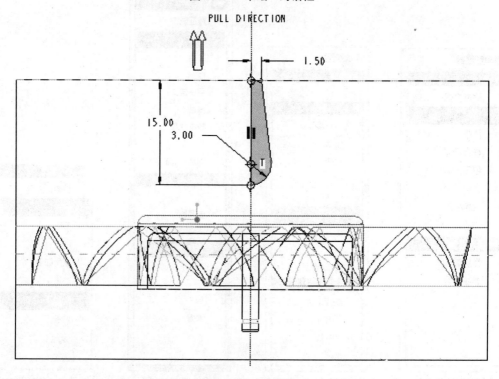

图 8.74 草图绘制

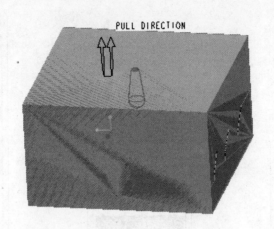

图 8.75 主流道

2. 分流道的创建

选择菜单管理器中的"特征"|"型腔组件"命令，然后在"模具特征"菜单中选择"流道"命令，如图 8.76 所示，弹出"流道"对话框，如图 8.77 所示，打开"形状"菜单管理器，如图 8.78 所示，选择流道形状为"倒圆角"，输入流道直径"2"，单击 ✔ 按钮。打开"设置草绘平面"菜单，选取基准平面 MOLD-RIGHT 作为草绘平面，选择"方向"菜单中的"确定"命令，然后选择"草绘视图"菜单中的"缺省"命令，如图 8.79 所示。

图 8.76 选择"流道"命令

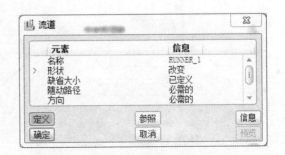

图 8.77 "流道"对话框

图 8.78 "形状"菜单管理器

(a) 选择"确定"命令

(b) 选择"缺省"命令

图 8.79 菜单管理器

单击 回 按钮，使图形以线框方式显示，以主流道的水平半径为参照，草绘一条长 6 mm 的直线，如图 8.80(a)所示，单击工具栏中的"完成"按钮完成草绘，弹出"相交元件"对话框，勾选"自动更新"复选框，单击"确定"按钮。回到"流道"对话框，单击"确定"按钮，创建的分流道如图 8.80(b)所示。

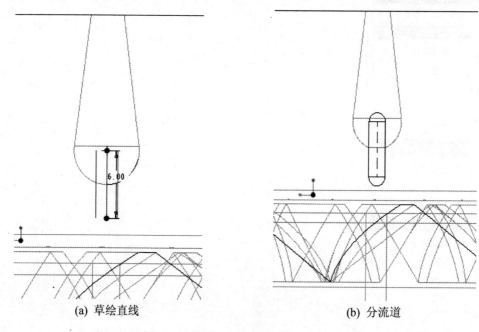

(a) 草绘直线

(b) 分流道

图 8.80 创建分流道

3. 浇口的创建

选择主菜单中的"插入"|"拉伸"命令，如图 8.81(a)所示。在绘图区空白处单击鼠标右键，在弹出的快捷菜击选择"定义内部草绘"命令，如图 8.81(b)所示。在弹出的"草绘"对话框中选择基准平面 ADTM3 作为草绘平面(也可以在分流道的下端圆心所在的水平面处临时创建一个基准平面)，基准平面 MOLD-RIGHT 作为参考平面，如图 8.82所示。

(a) 选择"拉伸"命令

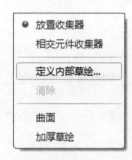

(b) 选择"定义内部草绘"命令

图 8.81　选择命令

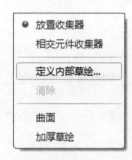

图 8.82　"草绘"对话框

草绘一个直径为 1mm 的圆，如图 8.83 所示，单击工具栏中的"完成"按钮完成草绘，拉伸长度设为"5"，去除材料，单击✔按钮，创建的浇口如图 8.84 所示。

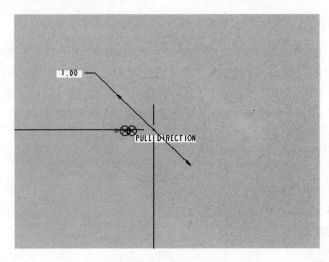

图 8.83　草绘一个圆

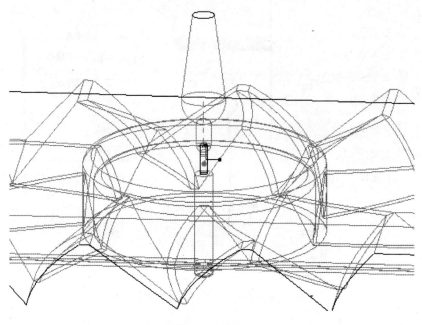

图 8.84　浇口

8.2.11　创建冷却水道

(1) 单击工具栏中的 按钮，弹出"基准平面"对话框，选择工件上表面作为偏移平面，并在"平移"文本框中输入"-10"，单击"确定"按钮，完成基准平面 ATDM4 的建立，如图 8.85 所示。

(2) 选择菜单管理器中"特征"命令，在"模具模型类型"菜单中选择"型腔组件"命令，选择"模具特征"菜单中的"等高线"命令，如图 8.86 所示，进入冷却流道设置界面。

(a)"基准平面"对话框

(b) 效果图

图 8.85　建立基准平面 ADTM4

(a) 选择"特征"命令

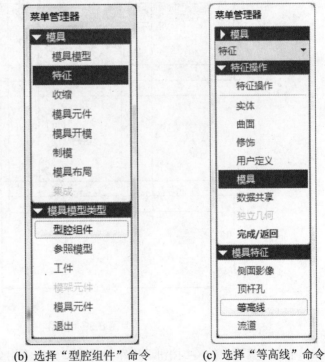

(b) 选择"型腔组件"命令　　(c) 选择"等高线"命令

图 8.86　菜单管理器

（3）弹出"等高线"对话框，如图 8.87 所示，同时要求输入水线圆环直径"8"，单击 ✔ 按钮，打开"设置草绘平面"菜单管理器，自动选中"新设置"命令，如图 8.88 所示。选择基准平面 ADTM4 作为草绘平面，然后选择"缺省"选项，弹出"参照"对话框，选中工件 4 条边界线作为参照，单击"关闭"按钮退出"参照"对话框，绘制草图如图 8.89 所示。

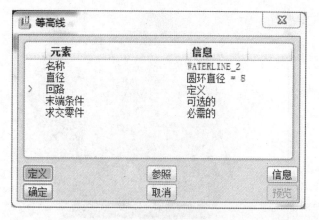

图 8.87 "等高线"对话框

图 8.88 "设置草绘平面"菜单管理器

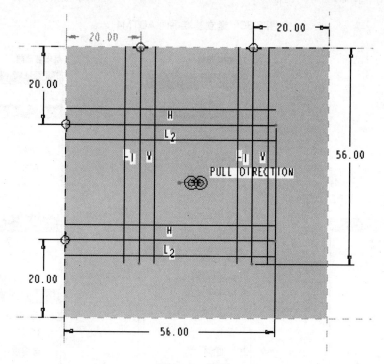

图 8.89 草图

(4) 单击工具栏中的 ✔ 按钮退出草绘界面，弹出"相交元件"对话框，勾选"自动更新"复选框，并单击 ▤ 按钮选中全部零件，如图 8.90 所示，然后单击"确定"按钮。回到"等高线"对话框，单击"预览"按钮，预览结果如图 8.91 所示。

(5) 双击"等高线"对话框中的"末端条件"选项，打开的菜单管理器如图 8.92 所示，按住 Ctrl 键依次选取 4 个末端，如图 8.93 所示。单击鼠标中键确定，菜单管理器如图 8.94 所示，选择"通过 w/沉孔"命令，再选择"完成/返回"命令，输入沉孔直径"12"，按 Enter 键，然后输入沉孔深度"5"，后面沉孔深度和直径与第一个沉孔相同，所以按 Enter 键直到设置完毕。单击"预览"按钮，选择"完成/返回"命令，单击"等高线"对话框中的"确定"按钮，创建的冷却水道如图 8.95 所示。选择菜单管理器中的"完成/返回"命令。

图 8.90 "相交元件"对话框

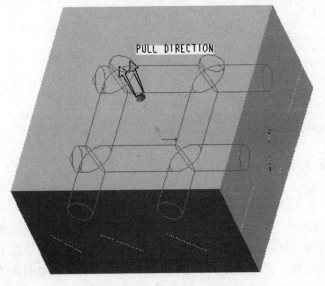

图 8.91 冷却流道的预览结果

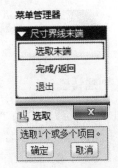

图 8.92 选择"选取末端"命令

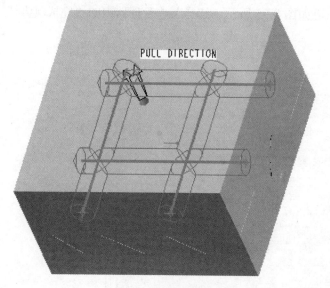

图 8.93 选取末端

图 8.94 选择"通过 w/沉孔"命令

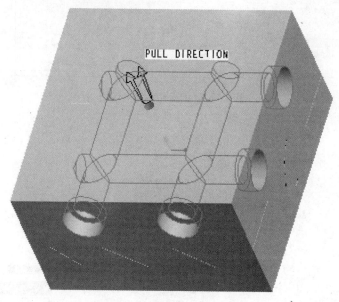

图 8.95 创建的冷却水道

8.2.12 创建铸模

单击菜单管理器中的"制模"命令，然后选择"铸模"菜单中的"创建"命令，如图 8.96 所示，输入零件名字"lingjian"，单击 ✔ 按钮两次，完成铸模。在模型树中选中"lingjian"零件，单击鼠标右键，并在弹出的快捷菜单中选择"打开"命令，铸模如图 8.97 所示。

图 8.96 菜单管理器

图 8.97 铸模

8.2.13 定义开模

单击"遮蔽-取消遮蔽"按钮 ，将参照模型"FAN_MOLD_REF"、工件"FAN_MOLD_WRK"和所有的分型面都遮蔽。单击工具栏中的"模具开模"图标 ，或者选择菜单管理器中"模具开模"命令，再选择"定义间距"|"定义移动"命令，如图 8.98 所示。

(a) 选择"定义间距"命令

(b) 选择"定义移动"命令

图 8.98 菜单管理器

选中左侧抽零件，单击鼠标中键确定，单击工件左侧面，沿其法线方向出现表示移动方向的红色箭头，输入"50"，单击 按钮，选择菜单管理器中的"完成"命令，如图 8.99(a)所示。

选择菜单管理器中的"定义间距"|"定义移动"命令，选中右侧抽零件，单击鼠标中键确定，单击工件右侧面，沿其法线方向出现表示移动方向的红色箭头，输入"50"，单击 按钮，选择菜单管理器中的"完成"命令，如图 8.99(b)所示。

选择菜单管理器中的"定义间距"|"定义移动"命令，选中上方"mold_up_1"零件，单击鼠标中键确定，单击其上表面，沿其法线方向出现表示移动方向的红色箭头，输入

"100"，单击 ✔ 按钮，选择菜单管理器中的"完成"命令。

选择菜单管理器中的"定义间距"|"定义移动"命令，选中下方"mold_down_1"零件，单击鼠标中键确定，单击其下表面，沿其法线方向出现表示移动方向的红色箭头，输入"100"，单击 ✔ 按钮，选择菜单管理器中的"完成"命令，如图 8.100 所示。

选择主菜单中的"文件"|"保存"命令，将文件保存到文件夹中。

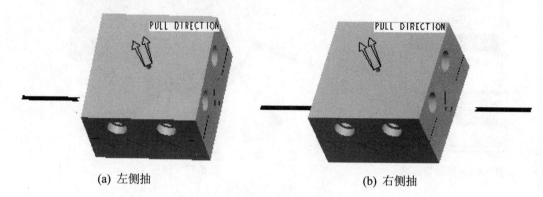

(a) 左侧抽　　　　　　　　　　　　　　　(b) 右侧抽

图 8.99　侧抽定义移动

图 8.100　最终开模结果

本 章 小 结

本章通过介绍注塑模具设计案例，使读者可以初步了解注塑模具设计过程。在注塑模具设计过程中分型面设计、浇注系统和冷却系统设计都很重要，相信通过本章的学习，读者已经了解了注塑模具设计的核心知识。设计分型面时，特别要明确最终要做成什么样的分型面，要找对方向，要细心。对于浇注系统和冷却系统，读者可以阅读相关参考书深入了解。

习　　题

对配套光盘中"8" | "8-4" | "unfinished" | "ke.prt"零件进行注塑模具设计，零件如图 8.101 所示。

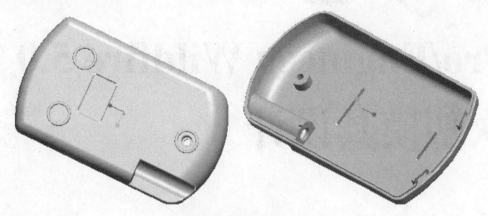

图 8.101　零件"ke.prt"

最终的注塑模具开模结果如图 8.102 所示。

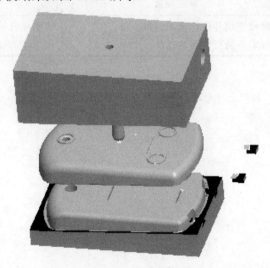

图 8.102　开模结果

第 9 章

Pro/Engineer Wildfire 5.0
吹塑模具设计

 本章教学要点

知识要点	掌握程度	相关知识
吹塑模具设计	了解吹塑模具设计基本流程; 掌握零件的吹塑模具设计	吹塑模具简介; 吹塑模具设计综合实例

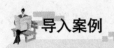

导入案例

吹塑成型模具应用广泛

　　吹塑成型是世界第三大塑料加工技术，广泛用于生产材料为热塑性塑料的中空薄壁物体的成型，如图 9.01 所示。在过去的 20 多年来，吹塑成型经历了快速发展，已经被汽车、体育休闲、电子产品、办公用品、自动化设备、包装业等领域所应用。吹塑成型主要有两种类型：挤出吹塑成型和拉伸吹塑成型。前者广泛用于生产各种尺寸和形状的容器，也适用于生产不规则、复杂的中空部件，供给汽车、办公自动化设备、医药业和旅游业等领域。后者广泛应用于生产商业用塑料瓶，适用于食品、饮料、制药工业等领域。吹塑产品的设计、加工、注射过程和设计吹塑模具是吹塑产品开发的重要阶段，除了模具结构的高度复杂外，各种设计参数的干扰也使得设计任务非常困难。因此，大多数人仍然相信，这一工艺在模具设计中具有举足轻重的作用。

图 9.01　吹塑模具示例

9.1　吹塑模具简介

　　吹塑成型是一种生产中空制品的制造过程，它是将挤出或注塑所得的半熔融态管坯(型坯)放于各种形状的模具中，在管坯中通入压缩空气使其膨胀，紧贴于模具型腔壁上，经冷却脱模得到制品的方法。

　　吹塑成型可以获得各种形状与大小的中空薄壁塑料制品，在工业中尤其是在日用品工业中应用十分广泛。几乎所有的热塑性塑料都可以用于吹塑成型，尤其是 PE。本章将介绍中空吹塑模具的设计方法。

9.2　吹塑模具设计综合实例

9.2.1　模型预处理

　　(1) 选择主菜单中的"文件"|"打开"命令，打开配套光盘中"9"|"9-2"|"unfinished"|

"bottle.prt"文件,所打开的参照模型如图 9.1 所示。

(2) 用鼠标右键单击模型树中的"壳 1"选项,在打开的快捷菜单中选择"隐含"命令,模型如图 9.2 所示。

图 9.1　参照模型

图 9.2　模型实体

(3) 对瓶口部分进行延伸。单击工具栏中的"拉伸"按钮 ,打开"拉伸"操作面板,单击"放置"按钮,再单击"定义"按钮,弹出"草绘"对话框,选择瓶口端面作为草绘平面,草绘方向为"右",单击"草绘"按钮,在弹出的"参照"对话框中选择 FRONT 和 RIGHT 作为参考平面,然后单击"关闭"按钮退出"参照"对话框。单击工具栏中的"通过边创建图元"按钮 ,拾取模型瓶口边缘草绘如图 9.3 所示的图形,单击工具栏中的"完成"按钮退出草绘界面。单击 按钮,深度数值设置为"20",单击 按钮,结果如图 9.4所示。

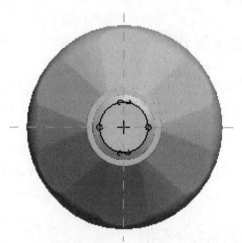

图 9.3　草绘

图 9.4　拉伸实体

(4) 选择"文件"|"保存"命令,保存当前文件。

9.2.2　新建文档

选择"文件"|"新建"命令，在弹出的"新建"对话框中的"类型"选项组中选择"制造"单选按钮，在"子类型"选项组中选择"模具型腔"单选按钮，在"名称"文本框中输入"mfg_0001"，取消勾选"使用缺省模板"复选框，单击"确定"按钮，在弹出的"新文件选项"对话框中选择"mmns_mfg_mold"模板，单击"确定"按钮。

9.2.3　装配参照模型

(1) 在菜单管理器中选择"模具模型"|"装配"|"参照模型"命令，如图 9.5 所示，在弹出的"打开"对话框中选择"bottle_prt"零件作为参照模型，单击"打开"按钮。

(2) 设置基准平面 FRONT 与 MAIN_PARTING_PLN 对齐，TOP 与 MOLD_FRONT 对齐，RIGHT 与 MOLD_RIGHT 对齐，如图 9.6 所示。单击  按钮，完成装配后如图 9.7 所示。

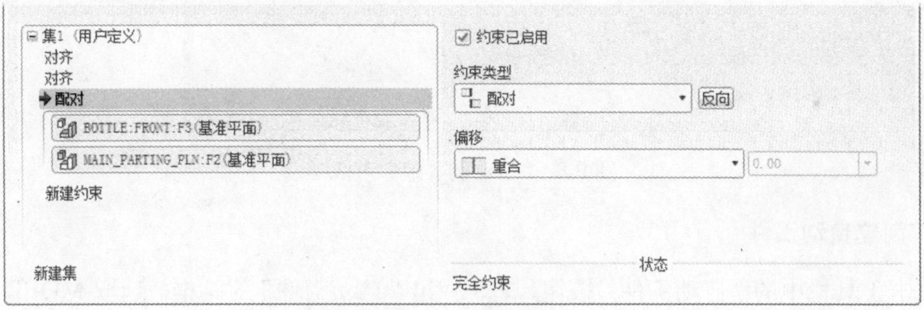

图 9.5　菜单管理器

图 9.6　设置约束

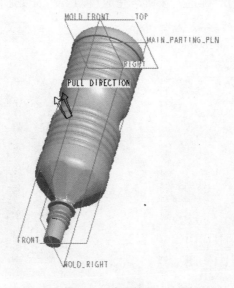

图 9.7　装配效果

(3) 在弹出的"创建参照模型"对话框中，选择"按参照合并"选项，默认其他设置，单击"确定"按钮。

9.2.4 设置收缩率

在菜单管理器中选择"收缩"|"按比例"命令，弹出"按比例收缩"对话框，选择模具坐标系 MOLD_DEF_CSYS，在"收缩率"文本框中输入"0.005"，如图 9.8 所示，单击 ✔ 按钮，完成收缩率的设置。

图 9.8 "按比例收缩"对话框

9.2.5 创建自动工件

单击工具栏中的"自动工件"按钮 ⬜，弹出"自动工件"对话框。选取 MOLD_DEF_CSYS 坐标系作为模具原点，单击"形状"按钮 ⬜。在"偏移"选项组中输入各方向的尺寸，如图 9.9 所示，单击"确定"按钮，完成自动工件的创建，如图 9.10 所示。

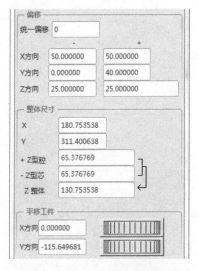

图 9.9 "自动工件"对话框

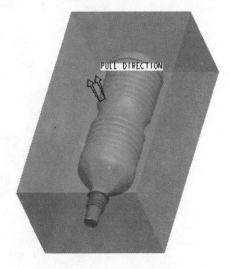

图 9.10 自动工件

196

9.2.6　创建分型面

　　单击工作栏的"分型面"图标 ，在分型面创建界面单击"拉伸"图标 ，在打开的"拉伸"操作面板单击"放置"按钮，再单击"定义"按钮，弹出"草绘"对话框，选择工件的右侧面作为草绘平面，选择底面作为参照平面，方向为"底部"，如图 9.11 所示，单击"草绘"按钮进入草绘界面。弹出"参照"对话框，选择 MOLD_FRONT 和 MAIN_PARTING_PLN 基准平面作为参考平面，单击"关闭"按钮退出"参照"对话框。单击 按钮，选择工件的左右边界并将其删除，在水平对称中心处画一条水平直线，如图 9.12 所示，单击工具栏的"完成"按钮退出草绘界面。在"拉伸"操作面板中单击"拉伸到参考平面"图标 ，选择工件的左侧面，如图 9.13 所示，单击"拉伸"操作面板中的 按钮，再单击工具栏中的 按钮，退出分型面的创建界面，创建的分型面如图 9.14 所示。

图 9.11　"草绘"对话框

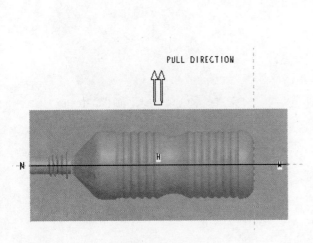

图 9.12　草绘

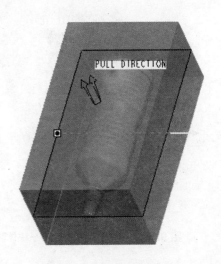

图 9.13　拉伸到参考平面

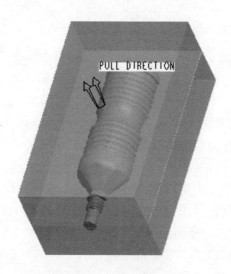

图 9.14　分型面

9.2.7　分割工件

单击工具栏中的"体积块分割"图标 。在菜单管理器中选择"两个体积块"和"所有工件"命令，选择"完成"命令。弹出"分割"对话框，选择上一步创建的分型面，单击鼠标中键确认，单击"分割"对话框中的"确定"按钮，弹出"属性"对话框，单击"着色"按钮，预览分割生成的第一块体积块，如图 9.15 所示，在"属性"对话框的"名称"文本框中输入"MOLD_VOL_DW"，单击"确定"按钮。再次弹出"属性"对话框，单击"着色"按钮，预览分割生成的第二块体积块，如图 9.16 所示，在"属性"对话框的"名称"文本框中输入"MOLD_VOL_UP"，单击"确定"按钮。

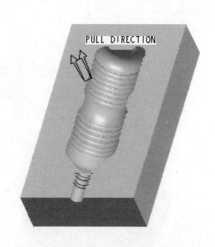

图 9.15　预览分割生成的第一块体积块

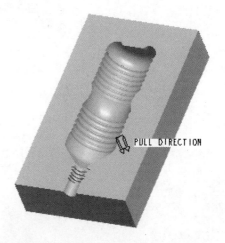

图 9.16　预览分割生成的第二块体积块

9.2.8　抽取模具元件

单击工具栏中的"型腔插入"按钮 ，弹出"创建模具元件"对话框，单击 按钮选中两个体积块,如图 9.17 所示,单击"确定"按钮,完成模具元件的抽取。

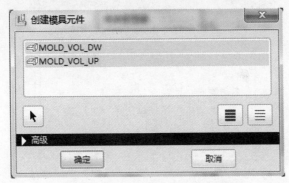

图 9.17 "创建模具元件"对话框

9.2.9 创建模口特征

在菜单管理器中选择"特征"|"型腔组件"|"实体"|"切减材料"|"旋转"命令,再选择"完成"命令。打开"旋转"操作面板,单击"放置"按钮,再单击"定义"按钮,弹出"草绘"对话框,选择 MAIN_PARTING_PLN 作为草绘平面,选择 MOLD_RIGHT 作为参考平面,方向为"右"。单击"草绘"按钮进入草绘界面,绘制草图如图 9.18 所示,单击工具栏的 ✔ 按钮退出草绘界面。单击"旋转"操作面板中的 ✔ 按钮,完成模口旋转特征的创建,如图 9.19 所示。

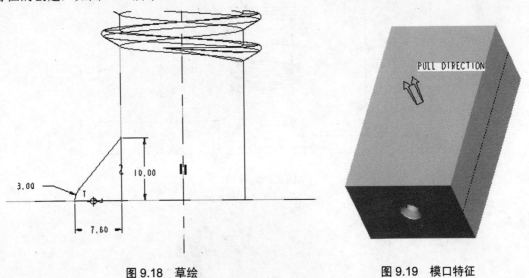

图 9.18 草绘　　　　　　　　　　图 9.19 模口特征

9.2.10 创建余料槽特征

(1) 在菜单管理器中选择"特征"|"模具型腔"|"实体"|"切除材料"|"拉伸"|"实体"命令,再选择"完成"命令。打开"拉伸"操作面板,单击"放置"按钮,再单击"定义"按钮,弹出"草绘"对话框,选择 MAIN_PART_PLN 基准平面作为草绘平面,其他设置如图 9.20 所示,单击"草绘"按钮进入草绘界面。

图 9.20 "草绘"对话框

(2) 单击 按钮，草绘的图形如图 9.21 所示。单击工具栏的 ✔ 按钮退出草绘界面。在"拉伸"操作面板中单击 按钮，输入拉伸深度值"3.00"，单击 ✔ 按钮，完成当前实体切除拉伸操作，如图 9.22 所示。

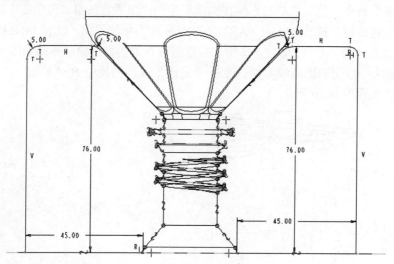

图 9.21 草绘

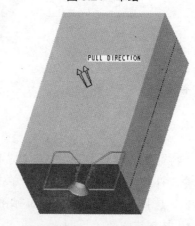

图 9.22 切除特征

9.2.11 创建模底剪口特征

(1) 在菜单管理器中选择"特征"|"模具型腔"|"实体"|"切除材料"|"拉伸"|"实体"命令，再选择"完成"命令。弹出"拉伸"操作面板，单击"放置"按钮，再单击"定义"按钮，弹出"草绘"对话框，选择 MAIN_PARTING_PLN 基准平面作为草绘平面，其他设置如图 9.23 所示，单击"草绘"按钮进入草绘界面。

图 9.23 "草绘"对话框

(2) 单击 按钮，偏移模型边缘，草绘如图 9.24 所示的图形，单击工具栏的 ✔ 按钮退出草绘界面。在"拉伸"操作面板中单击 按钮，输入拉伸深度值"3"，单击 ✔ 按钮，完成剪口特征的创建，如图 9.25 所示。

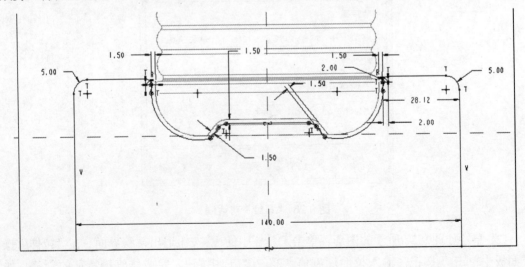

图 9.24 草绘

图 9.25   剪口特征

9.2.12   创建排气系统特征

(1) 在菜单管理器中选择"特征"|"模具型腔"|"实体"|"切除材料"|"拉伸"|"实体"命令，再选择"完成"命令。打开"拉伸"操作面板，单击"放置"按钮，再单击"定义"按钮，弹出"草绘"对话框，选择 MAIN_PARTING_PLN 基准平面作为草绘平面，其他设置如图 9.26 所示，单击"草绘"按钮进入草绘界面。

图 9.26   "草绘"对话框

(2) 草绘如图 9.27 所示的图形，单击工具栏中的 ✔ 按钮退出草绘界面。在"拉伸"操作面板中单击 ⊞ 按钮，输入拉伸深度值"2"，单击 ✔ 按钮，完成排气槽特征的创建，如图 9.28 所示。

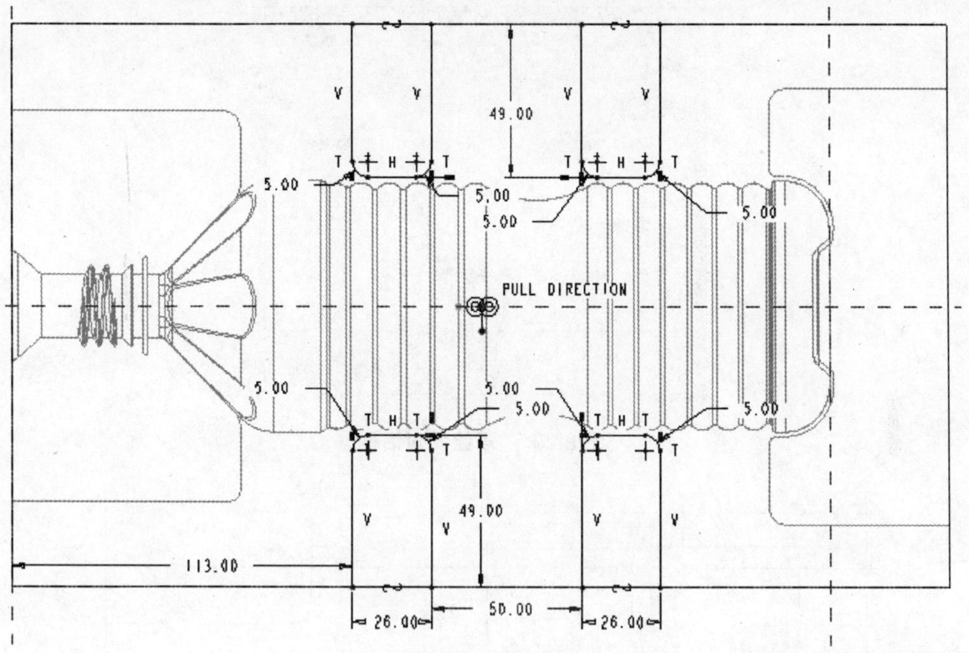

图 9.27 草绘

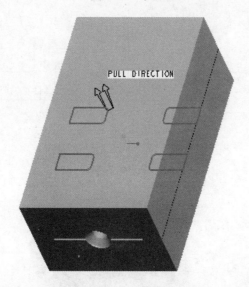

图 9.28 排气槽特征

(3) 在菜单管理器中选择"特征"|"模具型腔"|"实体"|"切除材料"|"拉伸"|"实体"命令，再选择"完成"命令。打开"拉伸"操作面板，单击"放置"按钮，再单击"定义"按钮，弹出"草绘"对话框，选择 MAIN_PARTING_PLN 基准平面作为草绘平面，其他设置如图 9.29 所示，单击"草绘"按钮进入草绘界面。

(4) 草绘如图 9.30 所示的图形，单击工具栏中的 ✔ 按钮退出草绘界面。在"拉伸"操作面板中单击 按钮，输入拉伸深度值"0.2"，单击 ✔ 按钮，完成排气槽口特征的创建，如图 9.31 所示。

图 9.29 "草绘"对话框

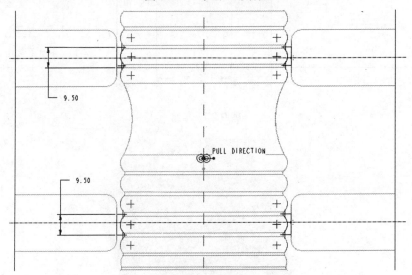

图 9.30 草绘

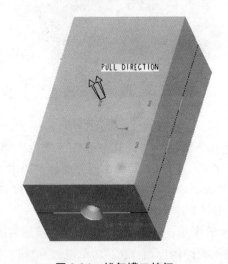

图 9.31 排气槽口特征

9.2.13 创建冷却水道

(1) 单击工具栏中的 ▱ 按钮，弹出"基准平面"对话框，选择上模元件的上表面作为参照平面，偏移距离为−15.00，如图 9.32 所示，单击"确定"按钮，创建的基准平面 ADTM1 如图 9.33 所示。

图 9.32 "基准平面"对话框

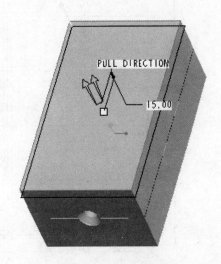

图 9.33 基准平面

(2) 选择菜单管理器中的"特征"|"型腔组件"|"等高线"命令，弹出"等高线"对话框，在弹出的"输入水线圆环的直径"文本框中输入"8.0"，单击 ✔ 按钮。打开"设置草绘平面"菜单管理器，并自动选中"新设置"命令，选择 ADTM1 平面，打开"草绘视图"菜单管理器，选择"缺省"命令，弹出"参照"对话框，选择 MOLD_RIGHT 基准平面、上模前侧面和上模后侧面作为参照平面，如图 9.34 所示，单击"关闭"按钮退出该对话框。

图 9.34 "参照"对话框

(3) 绘制如图 9.35 所示的草图，单击工具栏中的"完成"按钮退出草绘界面，弹出如

图 9.36 所示的"相交元件"对话框，勾选"自动更新"复选框，单击"确定"按钮退出该对话框。

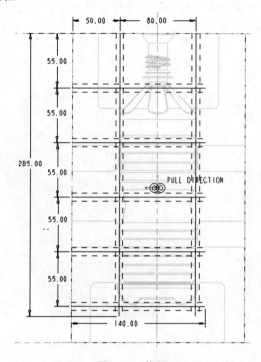

图 9.35　草图

图 9.36　"相交元件"对话框

(4) 在"等高线"对话框中双击"末端条件"选项，按住 Ctrl 键拾取所绘制的 7 条冷却水线的端点，单击鼠标中键确认，打开"选取端部"菜单管理器，选择"通过 w/沉孔"命令，选择"完成/返回"命令。在弹出的"输入沉孔直径"文本框中输入"16"，单击 按钮。在弹出的"输入沉孔深度"文本框中输入"8"，单击 按钮。用同样的方法完成 7 条水线端部的设置。选择菜单管理器中的"完成/返回"命令，单击"等高线"对话框中的"确定"按钮，最后完成冷却水道的创建，如图 9.37 所示。

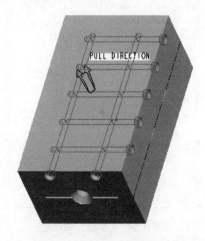

图 9.37　冷却水道—上模

(5) 选择"编辑"|"镜像"命令，打开"镜像"操作面板，选择 MAIN_PARTING_PLN 基准平面作为镜面，弹出"等高线"和"相交元件"对话框，单击"相交元件"对话框中的 ⬛ 按钮，选择 MOLD_VOL_DW 元件将其添加到"相交元件"对话框中，单击"确定"按钮。单击"等高线"对话框中的"确定"按钮，在下模上也生成冷却水道，如图 9.38 所示。

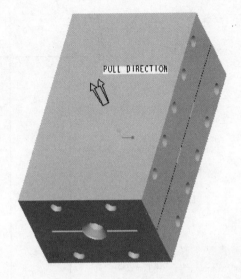

图 9.38　冷却水道——下模

9.2.14　创建导柱

(1) 在菜单管理器中选择"模具模型"|"创建"|"模架元件"命令，弹出"元件创建"对话框，保留默认设置，在"名称"文本框中输入"leader"，如图 9.39 所示，单击"确定"按钮。弹出"创建选项"对话框，选择"空"单选按钮，如图 9.40 所示，单击"确定"按钮。

图 9.39　"元件创建"对话框

图 9.40　"创建选项"对话框

(2) 在模型树中生成"leader"元件，用鼠标右键单击该元件，在弹出的快捷菜单中选择"打开"命令，打开一个新窗口。

(3) 单击新窗口工具栏中的"基准平面"按钮 ⬚ ，自动生成 3 个基准平面 DTM1、DTM2 和 DTM3。

(4) 单击工具栏中的"旋转"按钮 ⬚ ，打开"旋转"操作面板，单击"放置"按钮，再单击"定义"按钮，弹出"草绘"对话框，选择 DTM3 平面作为草绘平面，其他采用默认设置，如图 9.41 所示，单击"草绘"按钮进入草绘界面，草绘图 9.42 所示的图形。

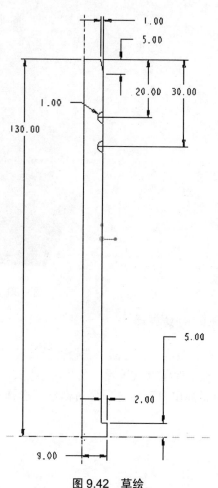

图 9.41 "草绘"对话框

图 9.42 草绘

(5) 单击操作面板中的 ✔ 按钮，完成旋转特征的创建。选择主菜单中的"插入"|"倒圆角"命令，打开"倒圆角"操作面板，拾取上端两条棱边，圆角半径设置为"2"，单击 ✔ 按钮完成倒圆角的插入，最终创建的导柱如图 9.43 所示。

(6) 选择主菜单中的"文件"|"保存"命令，单击"保存"按钮，保存文件。选择"文件"|"关闭窗口"命令，关闭该窗口。

(7) 回到原窗口，用鼠标右键单击模型树中的"LEADER.PRT"零件，在弹出的快捷菜单中选择"编辑定义"命令，打开"元件放置"操作面板，单击"放置"按钮，打开下拉面板，需要添加 3 组约束，选择"LEADER"零件的大端底面和"MOLD_VOL_UP.PRT"零件的上表面，约束类型为"配对"，偏移类型为"重合"；选择 DTM3 基准平面和MOLD_RIGHT 基准平面，约束类型为"配对"，偏移类型为"偏移"，数值为"78"；选择

DTM1 基准平面和 MOLD_FRONT 基准平面，约束类型为"对齐"，偏移类型为"偏移"，数值为"30"；使导柱位于模具的适当位置，单击 ✔ 按钮完成第一根导柱的装配，如图 9.44 所示。

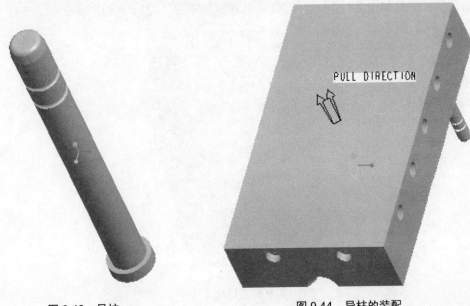

图 9.43　导柱　　　　　　　　　　　　图 9.44　导柱的装配

(8) 用鼠标右键单击模型树中的"LEADER.PRT"零件，在弹出的快捷菜单中选择"阵列"命令，打开"阵列"操作面板，在操作面板中的"阵列方式"选项组中选择"方向"选项，第 1 方向阵列参照选择"MOLD_VOL_UP.PRT"零件的前侧面与上表面的交线，数目为"2"，距离为"156.00"；第 2 方向阵列参照选择"MOLD_VOL_UP.PRT"零件的右侧面与上表面的交线，数目为"2"，距离为"160.00"，如图 9.45 所示；单击操作面板中的 ✔ 按钮完成 4 根导柱的阵列装配，如图 9.46 所示。

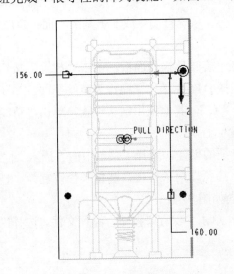

图 9.45　阵列设置

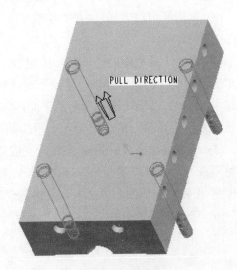

图 9.46　阵列导柱

(9) 在"模具"菜单管理器中选择"模具模型"|"高级实用工具"|"切除"命令,拾取"MOLD_VOL_UP.PRT"零件,单击鼠标中键确认,按住 Ctrl 键在模型树中拾取 4 个"LEADER.PRT"零件,单击鼠标中键确认,选择菜单管理器中的"完成"命令,隐藏 4 个导柱后,切除效果如图 9.47 所示,选择菜单管理器中的"完成/返回"命令。

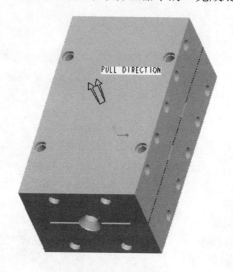

图 9.47 切除效果

9.2.15 创建导套

(1) 在菜单管理器中选择"模具模型"|"创建"|"模架元件"命令,弹出"元件创建"对话框,在"名称"文本框中输入"bushing",其他采用默认设置,单击"确定"按钮。弹出"创建选项"对话框,选中"空"单选按钮,单击"确定"按钮。

(2) 在模型树中生成"bushing"元件,用鼠标右键单击该元件,在弹出的快捷菜单中选择"打开"命令,系统打开一个新窗口。

(3) 单击新窗口工具栏中的"基准平面"图标□,系统自动生成 3 个基准平面:DTM1、DTM2 和 DTM3。

(4) 单击工具栏中的"旋转"按钮❀,打开"旋转"操作面板,单击"放置"按钮,再单击"定义"按钮,弹出"草绘"对话框,选择 DTM3 基准平面作为草绘平面,系统自动选中 DTM1 基准平面作为参照平面,方向为"右",其他采用默认设置,单击"草绘"按钮进入草绘界面,草绘图 9.48 所示的图形。

(5) 单击操作面板中的✔按钮,完成旋转特征的创建。选择主菜单中的"插入"|"倒圆角"命令,打开"倒圆角"操作面板,拾取上端孔口两条棱边,圆角半径设置为"1",单击✔按钮完成倒圆角的插入,最终创建的导套如图 9.49 所示。

(6) 选择主菜单中的"文件"|"保存"命令,单击"保存"按钮,保存文件。选择"文件"|"关闭窗口"命令,关闭该窗口。

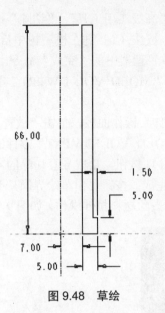

图 9.48 草绘

图 9.49 导套

(7) 回到原窗口，用鼠标右键单击模型树中的"BUSHING.PRT"零件，在弹出的快捷菜单中选择"编辑定义"命令，打开"元件放置"操作面板，单击"放置"按钮，打开下拉面板，需要添加 2 组约束，选择"BUSHING.PRT"零件的小 (上) 端面和"MOLD_VOL_DW.PRT"零件的上表面，约束类型为"对齐"，偏移类型为"重合"；选择"BUSHING.PRT"零件的基准轴"A_1"和导柱"LEADER.PRT"的基准轴"A_1"，约束类型为"对齐"，偏移类型为"重合"；使导套位于模具的适当位置，单击 ✔ 按钮完成第一根导套的装配。

(8) 用鼠标右键单击模型树中的"BUSHING.PRT"零件，在弹出的快捷菜单中选择"阵列"命令，打开"阵列"操作面板，在操作面板中的"阵列方式"选项组中选择"方向"选项，第 1 方向阵列参照选择"MOLD_VOL_DW.PRT"零件的前侧面与下表面的交线，数目为"2"，距离为"156.00"；第 2 方向阵列参照选择"MOLD_VOL_UP.PRT"零件的右侧面与上表面的交线，数目为"2"，距离为"160.00"，单击操作面板中的 ✔ 按钮完成 4 根导套的阵列装配，如图 9.50 所示。

图 9.50 导套的阵列装配

(9) 在"模具"菜单管理器中选择"模具模型"|"高级实用工具"|"切除"命令,拾取 MOLD_VOL_DW.PRT 零件,单击鼠标中键确认,按住 Ctrl 键在模型树中拾取 4 个"BUSHING.PRT"零件,单击鼠标中键确认,选择菜单管理器中的"完成"命令。

(10) 切除多余材料。用鼠标右键单击模型树中的"MOLD_VOL_DW.PRT"零件,在弹出的快捷菜单中选择"打开"命令。

(11) 单击工具栏中的"拉伸"按钮 ,打开"拉伸"操作面板,单击"放置"按钮,再单击"定义"按钮,弹出"草绘"对话框,选择"MOLD_VOL_DW.PRT"零件的上表面作为草绘平面,单击"草绘"按钮进入草绘界面,单击 按钮,拾取导套切除的 4 个孔边界,草绘 4 个圆,如图 9.51 所示。单击工具栏中的"完成"按钮退出草绘界面,单击"穿透"按钮 和"去除材料"按钮 ,单击 按钮完成去除材料拉伸操作,如图 9.52 所示。

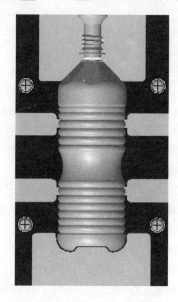

图 9.51　草绘

(a) 内部

(b) 外部

图 9.52　拉伸去除材料

(12) 隐藏其他零件，创建的导柱导套如图 9.53 所示。

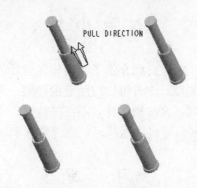

图 9.53 导柱导套

9.2.16 创建铸模

选择菜单管理器中的"制模"命令，然后选择"铸模选项"菜单中的"创建"命令，输入零件名称"bottle"，单击 ✔ 按钮两次，完成铸模的创建。

9.2.17 仿真开模

(1) 单击"遮蔽-取消遮蔽"按钮 ，将参照模型"FAN_MOLD_REF"、工件"FAN_MOLD_WRK"和所有的分型面都遮蔽。单击工具栏中的"模具开模"命令按钮 ，或者选择菜单管理器中的"模具开模"命令，选择"定义间距"|"定义移动"命令。分别将工件上下移动 100，最终效果如图 9.54 所示。

(2) 选择主菜单中的"文件"|"保存"命令，将文件保存到文件夹中。

图 9.54 开模效果

本 章 小 结

　　本章主要通过一个典型实例，详细介绍了吹塑模具设计的整个过程，吹塑模具的设计流程与注塑模具设计的流程类似，读者可比较两者的异同，为了提高吹塑件的质量，在吹塑模具设计过程中增添了剪口、余料槽、排气系统等特征。希望通过本章的学习，读者能够基本掌握吹塑模具设计，然后通过大量练习，熟练掌握和运用。

习　　题

　　给定塑料瓶如图 9.55 所示，设计吹塑模具，开模效果如图 9.56 所示。

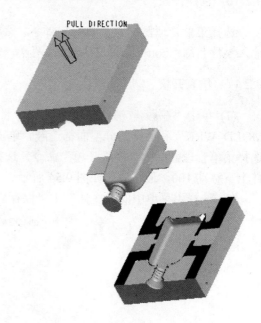

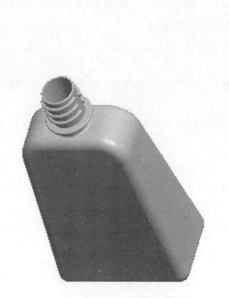

图 9.55　塑料瓶

图 9.56　开模效果

第 10 章
Pro/Engineer Wildfire 5.0
压铸模具设计

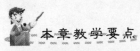 本章教学要点

知识要点	掌握程度	相关知识
压铸模具设计	了解压铸模具设计基本流程; 掌握零件的压铸模具设计	压铸模具简介; 压铸模具设计综合实例

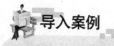 导入案例

典型零件的压铸模具设计

压铸模具是铸造液态模锻的一种方法，是一种在专用的压铸模锻机上完成的工艺，如图 10.01 所示。它的基本工艺过程是：金属液先低速或高速铸造充型进入模具的型腔内，模具有活动的型腔面，它随着金属液的冷却过程加压锻造，既消除毛坯的缩孔缩松缺陷，也使毛坯的内部组织达到锻态的破碎晶粒，毛坯的综合机械性能得到显著的提高。

压铸材料、压铸机、模具是压铸生产的三大要素，缺一不可。所谓压铸工艺就是将这三大要素有机地加以综合运用，使能稳定、有节奏、高效地生产出外观、内在质量好的、尺寸符合图样或协议规定要求的合格铸件，甚至优质铸件的过程。

图 10.01   压铸模具示例

10.1   压铸模具简介

压铸也称为压力铸造，是一种高效、快速的制造方法，压铸模具是用在压铸机上快速制造压铸件的金属永久模具，压铸模具、压铸机和压铸合金一起构成了压铸工艺系统。

10.1.1   压力铸造概述

压力铸造(High Pressure Die Casting，简称压铸)的实质是在高压作用下，使液态或半液态金属以较高的速度充填压铸型腔(压铸模具)，并在压力下成型和凝固而获得铸件的方法。

1. 压力铸造的优点

与其他铸造方法相比，压铸有以下三方面优点。

(1) 产品质量好。

(2) 生产效率高。

(3) 经济效果优良。

2. 压力铸造的缺点

压铸虽然有许多优点，但也有以下一些缺点。

(1) 压铸时由于液态金属充填型腔速度高，流态不稳定，故采用一般压铸法，铸件易产生气孔，不能进行热处理。

(2) 对内凹复杂的铸件，压铸较为困难。

(3) 高熔点合金(如铜、黑色金属等)压铸模具寿命较低。

(4) 不宜小批量生产，其主要原因是压铸模具制造成本高，压铸机生产效率高，小批量生产不经济。

10.1.2　压铸机概述

压铸机一般分为热压室压铸机和冷压室压铸机两大类。冷压室压铸机按其压室结构和布置方式分为卧式压铸机和立式压铸机两种。

热压室压铸机(简称热空压铸机)压室浸在保温熔化坩埚的液态金属中，压射部件不直接与机座连接，而是装在坩埚上面。这种压铸机的优点是生产工序简单、效率高；金属消耗少，工艺稳定。但压室、压射冲头长期浸在液体金属中，因而影响使用寿命，并易增加合金的含铁量。热压室压铸机目前大多用于压铸锌合金等低熔点合金铸件，但也有用于压铸小型铝、镁合金压铸件。

冷室压铸机的压室与保温炉是分开的。压铸时，从保温炉中取出液体金属浇入压室后进行压铸。

10.1.3　压力铸造新技术

压铸件的主要缺陷是气孔和疏松，通常不能进行热处理。为了解决此问题，目前主要有两个途径：一是改进现有设备；二是发展特殊压铸工艺，如真空压铸、充氧压铸等，下面逐一介绍。

1. 真空铸造

为了减少或避免压铸过程中气体随金属液高速卷入而使得铸件产生气孔和疏松，压铸前最为普遍的处理方法是采用对铸型抽真空压铸。根据压室和型腔内的真空度大小又可将真空压铸分为普通真空压铸和高真空压铸。普通真空压铸即采用机械泵抽空压铸模腔内的空气，建立真空后注入金属液。该方法是用一个密封的真空罩连接动模座和精模座，然后通过机械泵将整个真空罩中的气体抽出。高真空压铸的关键是能在很短的时间内获得高真空，高真空压铸的原理是压铸工作前，先用抽真空管将整个压室和型腔中的空气抽出，这个抽真空过程速度一定要尽可能快，使得坩埚中的金属液和压室产生较大的压力差，从而使得坩埚中的金属液体沿着升液管进入压室，接着压射冲头开始向右进行压射。

2. 充氧压铸

充氧压铸是将干燥的氧气充入压室和压铸模具型腔内，以取代其中的空气和其他气体。充氧压铸仅适用于铝合金。当铝合金液体压入压室和压铸模具型腔时与氧气发生化合反应，生成 Al_2O_3，形成均匀分布的 Al_2O_3 小颗粒(直径在 $1\mu m$ 以下)，从而减少或消除了气孔，提高了铸件的致密性。这些小颗粒分散在铸件中，占总质量的 0.1%～0.2%，不影响机械加工。

3. 定向、抽气、加氧压铸

定向、抽气、加氧压铸实质上是一种真空压铸和加氧压铸相结合的工艺。工艺过程是，在液体金属填充型腔之前，先将气体沿液态金属填充的方向以超过充填的速度抽空，使金属液顺利地充填；对有深凹或死角的复杂铸件，在抽气的同时进行加氧，以达到更好的效果。

4. 半固态压铸

半固态压铸是当液态金属在凝固时，进行强烈的搅拌，并在一定的冷却速率下获得约50%甚至更高的固体组分的浆料，用这种浆料进行压铸。半固态压铸与全液态金属压铸相比有如下优点。

(1) 由于降低了浇注温度，而且半固态金属在搅拌时已有 50%的融化潜热散失掉，所以大大减少了对压室、压铸型腔和压铸机组成部件的热冲击，因而可以提高压铸模面的使用寿命。

(2) 由于半固态金属黏度比全液态金属大，内浇口处流速较低，因而充填时少喷溅，无湍流，卷入的空气少；由于半固态收缩小，所以铸件不易出现疏松、缩孔，故提高了铸件质量。

10.2 压铸模具设计综合实例

10.2.1 设计任务概述

下面以"底座"零件压铸模具设计为例，介绍其模具分型面设计技巧、方法及特点，以及型芯和型腔的生成方法，"底座"零件如图 10.1 所示。

图 10.1 底座

10.2.2 建立一个新的模具文件

(1) 选择主菜单中的"文件"|"新建"命令，弹出"新建"对话框，在"类型"选项组中选中"制造"单选按钮，在"子类型"选项组中选中"铸造型腔"单选按钮，输入文件名为"base_mfg"，取消勾选"使用缺省模板"复选框，然后单击"确定"按钮。

(2) 选取公制单位"mmns_mfg_cast"，单击"确定"按钮，进入铸造模具设计界面。

10.2.3 装配参照模型

在菜单管理器中选择"铸造模型"|"装配"|"参照模型"命令，弹出"打开"对话框，选择配套光盘中"10"|"10-2"|"unfinished"|"base.prt"文件，将其打开，约束类型设置为"缺省"，单击✔按钮，弹出如图 10.2 所示的对话框，单击"确定"按钮。

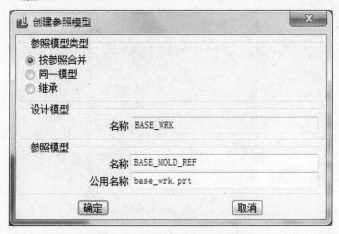

图 10.2 "创建参照模型"对话框

10.2.4 设置收缩率

单击工具栏中的"按比例收缩"按钮🔧，在绘图区域中选取参照模型为设置对象，在"公式"选项组中单击"1+S"按钮，再选取 CAST_DEF_CSYS 基准坐标系，输入收缩率为"0.005"，如图 10.3 所示，单击对话框中的✔按钮，完成设置。

图 10.3 "按比例收缩"对话框

10.2.5　创建工件

（1）选择菜单管理器中的"铸造模型"|"创建"|"夹模器"|"手动"命令。弹出如图 10.4 所示的对话框，在"名称"文本框中输入"base_wrk_1"，单击"确定"按钮，弹出"创建选项"对话框，选中"创建特征"单选按钮，然后单击"确定"按钮。

图 10.4　"元件创建"对话框

（2）选择菜单管理器中的"伸出项"命令，选中"实体选项"菜单中的"拉伸"|"实体"命令，选择"完成"命令，打开"拉伸"操作面板，单击"放置"按钮，再单击"定义"按钮弹出"草绘"对话框，选取 CAST_FRONT 基准平面作为草绘平面，CAST_RIGHT 基准平面作为参照平面，方向为"右"，单击"草绘"按钮进行草绘界面，同时弹出"参照"对话框，选择 CAST_RIGHT 和 MAIN_PARTING_PLN 基准平面作为参照基准面，单击"关闭"按钮退出"参照"对话框，草绘结果如图 10.5 所示。

（3）完成后设置拉伸类型为"对称拉伸" ，拉伸深度值为"150"，单击"完成"按钮，再选择菜单栏中的"完成/返回"命令，得到拉伸效果如图 10.6 所示。

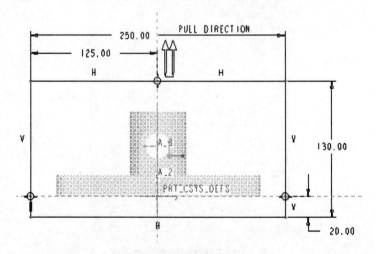

图 10.5　草绘结果

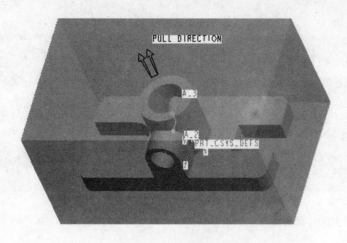

图 10.6　拉伸效果

10.2.6　创建分型面

1. 创建主分型面

(1) 单击工具栏中的"分型面"按钮，在"铸造"菜单管理器中展开"曲面选项"菜单，选择"拉伸"|"完成"命令，打开"拉伸"操作面板，单击"放置"按钮，再单击"定义"按钮，弹出"草绘"对话框，选择工件的前表面作为草绘平面，工件的右侧面作为参照平面，如图 10.7 所示，单击"草绘"按钮。

(2) 弹出"参照"对话框，选择 MAIN_PARTING_PLN 基准平面和工件的左右侧面作为参照，单击"关闭"按钮退出"参照"对话框，绘制一条直线，如图 10.8 所示。

(a)"草绘"对话框

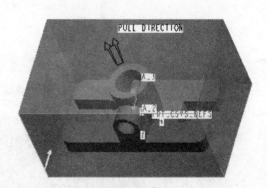

(b) 选择平面

图 10.7　草绘设置

(3) 单击工具栏中的"完成"按钮退出草绘界面，设置拉伸类型为"拉伸到参考平面"，选取工件的后表面作为参考平面，单击 ✔ 按钮完成操作，效果如图 10.9 所示。

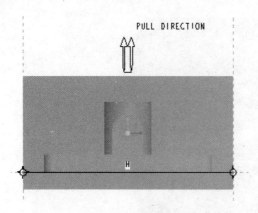

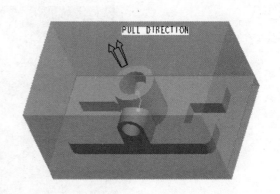

图 10.8　草绘结果　　　　　　　　　　图 10.9　拉伸的平面

2.　创建前侧向抽芯分型面 1

(1) 单击工具栏中的"分型面"按钮，在"铸造"菜单管理器中的"曲面选项"菜单中选择"旋转"|"完成"命令，打开"旋转"操作面板，单击"放置"按钮，再单击"定义"按钮，以 CAST_RIGHT 基准平面作为草绘平面，以工件的 MAIN_PARTING_PLN 基准平面作为参照平面，方向为"顶"，如图 10.10 所示。

(a)"草绘"对话框

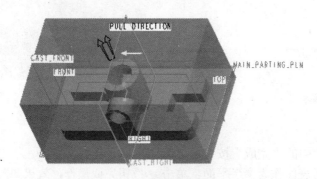

(b) 选择平面

图 10.10　草绘设置

(2) 进入草绘界面后，将模型以线框模式显示，选择"草绘"对话框中的"参照"选项，添加所需的 3 个参照，如图 10.11 所示。绘制如图 10.12 所示的图形，然后单击工具栏中的"完成"按钮退出草绘界面，单击操作面板中的 ✔ 按钮，完成旋转分型面的创建，效果如图 10.13 所示。

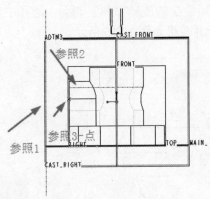

图 10.11　添加 3 个参照

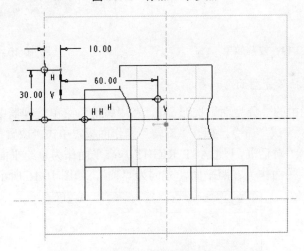

图 10.12　草绘图形

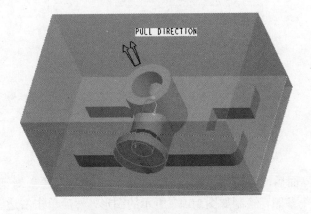

图 10.13　旋转分型面效果

(3) 单击工具栏中的"分型面"按钮 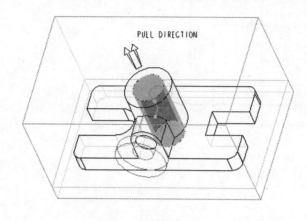，在"铸造"菜单管理器中的"曲面选项"菜单中选择"复制"|"完成"命令，按住 Ctrl 键选择竖直方向圆柱孔的内表面，并且选择"选项"菜单中的"排除曲面并填充孔"命令，按住 Ctrl 键拾取内表面里的 2 个圆，单击 ✔ 按钮完成操作，复制的分型面如图 10.14 所示。

(4) 同时选择以上步骤所创建的旋转面和复制面，选择主菜单中的"编辑"|"合并"命令，将其他特征隐藏，合并效果如图 10.15 所示。

图 10.14　复制效果

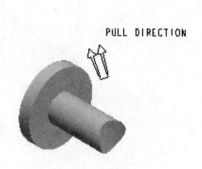

图 10.15　合并效果

3. 创建后侧向抽芯分型面 2

(1) 单击工具栏中的"分型面"按钮 ，在"铸造"菜单管理器中的"曲面选项"菜单中选择"旋转"|"完成"命令，打开"旋转"操作面板，单击"放置"按钮，再单击"定义"按钮，弹出"草绘"对话框，以 CAST_RIGHT 基准平面作为草绘平面，以工件的 MAIN_PARTING_PLN 基准平面作为参照平面，方向为"顶"，如图 10.16 所示。

图 10.16　"草绘"对话框

(2) 进入草绘界面后，将模型以线框模式显示，选择"草绘"对话框中的"参照"选项，添加所需的 3 个参照，绘制如图 10.17 所示的图形，然后单击右边工具栏中的 ✔ 按钮，单击操作面板中的 ✔ 按钮，完成旋转分型面的创建，效果如图 10.18 所示。

(3) 单击工具栏中的"分型面"按钮 ，在"铸造"菜单管理器中的"曲面选项"菜单中选择"复制"|"完成"命令，按住 Ctrl 键选择竖直方向圆柱孔的内表面，并且选择"选项"菜单中的"排除曲面并填充孔"命令，按住 Ctrl 键拾取内表面里的 2 个圆，单击 按钮完成操作，复制的分型面如图 10.19 所示。

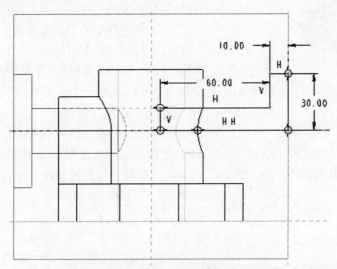

图 10.17　草绘图形

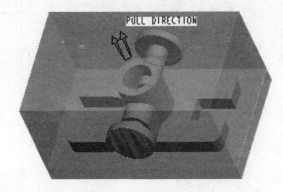

图 10.18　旋转分型面效果

图 10.19　复制效果

(4) 同时选择以上步骤所创建的旋转面和复制面,选择主菜单中的"编辑"|"合并"命令,将其他特征隐藏,合并效果如图 10.20 所示。

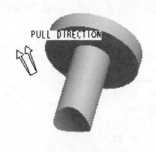

图 10.20　合并效果

4.　创建竖向抽芯分型面

(1) 取消其他零件的隐藏,单击工具栏中的"分型面"按钮，在"铸造"菜单管理器中的"曲面选项"菜单中选择"旋转"|"完成"命令,单击"放置"按钮,再单击"定义"按钮,弹出"草绘"对话框,以 CAST_RIGHT 基准平面作为草绘平面,以 MAIN_PARTING_PLN 基准平面作为参照平面,方向为"顶",如图 10.21 所示,单击"草绘"按钮。

(2) 进入草绘界面后,将模型以线框模式显示,选择"草绘"对话框中的"参照"选项,添加所需的参照,绘制如图 10.22 所示的图形,然后单击工具栏的"完成"按钮退出草绘界面,单击 ✔ 按钮完成旋转分型面的创建,效果如图 10.23 所示。

图 10.21　"草绘"对话框

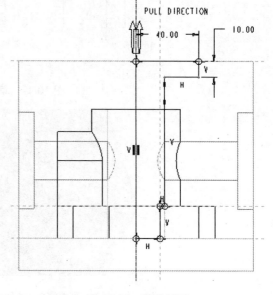

图 10.22　草绘图形

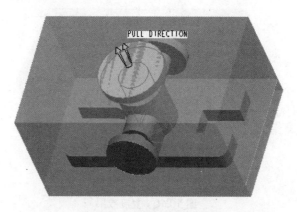

图 10.23　旋转分型面效果

10.2.7　分割模具体积块

1. 分割主型芯块

(1) 单击工具栏中的"体积块分割"按钮 ，在打开的"分割体积块"菜单管理器中选择"两个体积块"和"所有模块"选项，再选择"完成"命令。

(2) 弹出"分割"对话框，选择第一个分型面，单击鼠标中键确认，回到"分割"对话框，单击"确定"按钮，弹出如图 10.24 所示的"属性"对话框，单击"着色"按钮，预览生成的体积块，如图 10.25 所示，名称修改为"DIE_VOL_DOWN"，单击"确定"按钮。

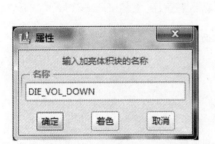

图 10.24　"属性"对话框(1)

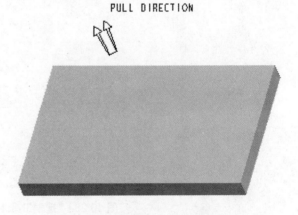

图 10.25　预览生成的体积块(1)

(3) 再次弹出图 10.26 所示的"属性"对话框，单击"着色"按钮，预览生成的体积块，如图 10.27 所示，名称修改为"DIE_VOL_MAIN"，单击"确定"按钮。

图 10.26　"属性"对话框(2)

图 10.27　预览生成的体积块(2)

2. 分割小型芯体积块

(1) 单击工具栏中的"体积块分割"按钮 ，在打开的"分割体积块"菜单管理器中选择"一个体积块"和"铸模体积块"选项，再选择"完成"命令。弹出"搜索工具:1"

对话框，选中左边"项目"列表中的"面组：F17(DIE_VOL_MAIN)"选项，单击 > > 按钮，将其添加到右边"项目"列表中，如图 10.28 所示，单击"关闭"按钮退出该对话框。

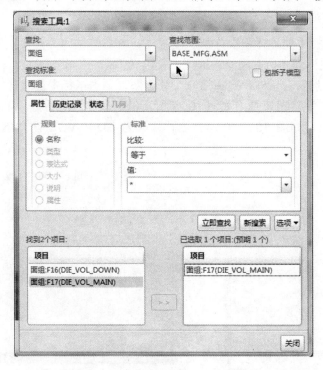

图 10.28 "搜索工具:1"对话框

(2) 选择第二个分型面(可用鼠标右键单击查询)，单击鼠标中键确认，打开如图 10.29 所示的"岛列表"菜单管理器，当光标放在"岛 2"选项上时第二个分型面将以蓝色线框加亮显示，因此勾选"岛 2"复选框，然后单击"完成选取"按钮，回到"分割"对话框，单击"确定"按钮，弹出"属性"对话框，单击"着色"按钮，预览生成的体积块，如图 10.30 所示，名称修改为"DIE_VOL_FRONT"，单击"确定"按钮。

图 10.29 "岛列表"菜单管理器　　　　　**图 10.30 预览生成的体积块(3)**

(3) 单击工具栏中的"体积块分割"按钮 ⊟，在打开的"分割体积块"菜单管理器中选择"一个体积块"和"铸模体积块"选项，再选择"完成"命令。弹出"搜索工具:1"对话框，选中左边"项目"列表中的"面组：F17(DIE_VOL_MAIN)选项，单击 ＞＞ 按钮，将其添加到右边"项目"列表中，单击"关闭"按钮退出该对话框。

(4) 选择第三个分型面(可用鼠标右键单击查询)，单击鼠标中键确认，打开"岛列表"菜单管理器，勾选"岛 2"复选框，然后单击"完成选取"按钮，回到"分割"对话框，单击"确定"按钮，弹出"属性"对话框，单击"着色"按钮，预览生成的体积块，如图 10.31 所示，名称修改为"DIE_VOL_BACK"，单击"确定"按钮。

(5) 单击工具栏中的"体积块分割"按钮 ⊟，在打开的"分割体积块"菜单管理器中选择"两个体积块"和"铸模体积块"选择，再选择"完成"命令。弹出"搜索工具:1"对话框，选中左边"项目"列表中的"面组：F17(DIE_VOL_MAIN)选项，单击 ＞＞ 按钮，将其添加到右边"项目"列表中，单击"关闭"按钮退出该对话框。

(6) 选择第四个分型面(可用鼠标右键单击查询)，单击鼠标中键确认，打开"岛列表"菜单管理器，勾选"岛 2"复选框，然后单击"完成选取"按钮，回到"分割"对话框，单击"确定"按钮，弹出"属性"对话框，单击"着色"按钮，预览生成的体积块，如图 10.32 所示，名称修改为"DIE_VOL_TOP"，单击"确定"按钮。

图 10.31　预览生成的体积块(4)　　　　图 10.32　预览生成的体积块(5)

10.2.8　抽取模具元件

单击绘图区域右侧工具栏中的"型腔插入"按钮 ⬆ 抽取体积块，在弹出的"创建铸模元件"对话框中单击"选取全部体积块"按钮 ▤ 选中全部体积块，如图 10.33 所示，然后单击"确定"按钮，完成模具元件的创建。

图 10.33　"创建铸模元件"对话框

10.2.9　创建铸件

选择"铸造"菜单管理器中的"铸造模型"命令，在展开的"铸造模型"菜单中选择"创建"命令，展开"铸造模型类型"菜单，选择"铸件"命令。在系统信息区弹出的"输入零件名称"文本框中输入铸模零件名称"zhujian"，然后单击文本框右方的 ✔ 按钮两次，生成铸件。

10.2.10　模拟仿真开模

(1) 单击绘图区域上方的"遮蔽-取消遮蔽"按钮 ✎ ，打开"遮蔽-取消遮蔽"窗口。在打开的"遮蔽-取消遮蔽"窗口中将参考模型"BASE_MFG_REF"和工件"BASE_WRK_1"遮蔽后关闭该窗口。用鼠标右键单击模型树中的分型面，在弹出的快捷菜单中选择"隐藏"命令，将分型面全部隐藏。

(2) 单击工具栏中的"模具开模"按钮 ⬚，打开"铸模开模"菜单管理器，如图 10.34 所示。选择"定义间距"|"定义移动"命令。

(3) 选取绘图区域中的模具元件"DIE_VOL_DOWN"，单击鼠标中键确认。在模型中选取"DIE_VOL_DOWN"元件的底面作为移动参照，系统以红色箭头标识移动方向，在信息区弹出的"输入沿指定方向的位移"文本框中输入"100"，再单击文本框右侧的 ✔ 按钮。返回"定义间距"菜单管理器，选择"完成"命令。效果如图 10.35 所示。

图 10.34　"铸模开模"菜单管理器　　　　　图 10.35　移动效果

(4) 采用同样的方法移动其他元件。将"DIE_VOL_MAIN"元件向上移动 150，"DIE_VOL_TOP"元件向上移动 300，"DIE_VOL_FRONT"元件向前移动 100，"DIE_VOL_BACK"元件向后移动 100，最终效果如图 10.36 所示。

图 10.36　最终移动效果

本 章 小 结

　　本章主要介绍了压铸模具的设计方法和 Pro/Engineer Wildfire 5.0 压铸模具设计的操作过程，简单介绍了一些关于压铸工艺的基础知识，以及压铸件、压铸模具的设计原则和设计方法等。通过本章的学习，读者可以基本掌握 Pro/Engineer 压铸模具设计模块应用。

习　　题

　　零件模型如图 10.37 所示，完成压铸模具设计，最终开模效果如图 10.38 所示。

图 10.37　零件

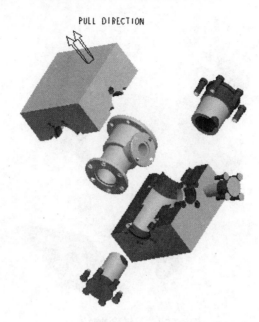

图 10.38   开模效果

第11章

Pro/Engineer Wildfire 5.0 EMX 6.0 注塑模模架设计

 本章教学要点

知识要点	掌握程度	相关知识
注塑模模架设计	了解注塑模标准模架; 掌握模架专家系统扩展(EMX); 掌握 EMX 模具模架设计	注塑模标准模架; 模架专家系统扩展(EMX); 基于 EMX 模具模架设计

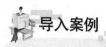

模架专家系统扩展(EMX)

模架专家系统扩展(Expert Moldbase Extension，EMX)是 Pro/Engineer 软件的模具设计外挂，是 PTC 公司合作伙伴 BUW 公司的产品。当今，制造工程师面对的最大挑战是在模架设计和细化中抽出时间来加强质量、速度和创新。EMX 可以使设计师直接调用公司的模架(图 11.01)，缩短模具设计开发周期，节约成本，减少工作量。

Pro/Engineer EMX 是模具制造商和工具制造商必不可少的附加工具，利用它无须

图 11.01　注塑模模架示例

执行费时、烦琐的工作，也无须进行会降低产品开发效率的数据转换。Pro/Engineer EMX 允许用户在熟悉的 2D 环境中创建模架布局，并自动生成 3D 模型从而利用 3D 设计的优点。2D 过程驱动的图形用户界面引导用户做出最佳的设计，而且在模架设计过程中自动更新。既可以从标准零件目录中选择标准零件(DME、HASCO、FUTABA、PROGRESSIVE、STARK 等)，也可以在自定义元件的目录中进行选择。由此得到的 3D 模型可在模具开模的过程中进行干涉检查，而且可以自动生成交付件(如工程图和 BOM)。Pro/Engineer EMX 提高了设计速度，因为其独特的图形界面在自动放置 3D 元件之前可快速实时地进行预览。放置了元件后，会自动在适当的邻近板和元件中创建间隙切口、钻孔和螺丝孔等，因而消除了烦琐的重复性模具细化工作。EMX 还使模具制造公司能够直接在模具组件和元件中获取他们自己独有的设计标准和最佳做法。

11.1　注塑模标准模架

11.1.1　简介

目前标准模架已被模具行业普遍采用。在模具设计制造中，充分利用标准模架零件能简化设计，提高质量稳定性，缩短制造周期和降低成本。生产经验证明，实现模具标准化是模具制造业发展的必由之路。标准模架和标准零部件是模具标准化工作的主要部分，在模具设计制造中，充分利用标准模架零件，不但能简化设计，提高质量稳定性，缩短制造周期，降低成本，从而提高企业在市场上的竞争力，而且能使模具设计者有更多的自由度、时间和灵活性致力于真正产品的工艺及模具设计方案中去。如何正确选用标准模架就显得非常重要，本节将介绍注塑模标准模架的概念和选用方法，以便设计人员在进行模具设计时能够正确选用。

模架是指由模板、导柱、导套和复位杆等零件组成，但未加工型腔的一个组合体。注塑模标准模架是由结构、形式和尺寸都已经标准化并具有一定互换性的零件成套组合而成的一类模架。

11.1.2　标准模架的选用

标准模架的选用有以下两种方式。

一是标准型用法，即完全采用标准规定的结构形式，在组成零件规定的尺寸范围内予以选用。

二是变更型用法，即可以通过对标准零件适当进行二次加工来改变标准规定的结构形式；也可以对部分标准零件不予采用，从而使标准模架的应用范围扩大。

选用标准模架的步骤如下。

(1) 模架型号的选择：按照制件型腔、型芯的结构形式、脱模动作、浇注形式确定模架结构型号。

(2) 模架系列的选择：根据制件最大外形尺寸、制件横向(侧分型、侧抽芯等)模具零件的结构动作范围、附加动作件的布局、冷却系统等，选择组成模架的模板板面尺寸(尺寸应符合所选注射机对模具的安装要求)，以确定模架的系列。

(3) 模架规格的选择：分析模板受力部位，进行强(刚)度的计算，在规定的模板厚度范围内确定各模板厚度和导柱长度，以确定模架的规格。

(4) 模架选择的其他注意事项：①模架板面尺寸确定后，导柱、导套、推杆、紧固螺钉孔的孔径尺寸，组配的推板，垫块尺寸均可从标准中找出；②考虑制件推出距离和调节模具厚度，确定垫块厚度和推杆长度；③核实模架的总厚度是否符合所选注射机的要求，不符合时则对某些模块或垫块进行适当增减，使其满足要求。

(5) 模架结构型号和尺寸确定后即可向标准模架制造商订货。

11.2　模具扩展专家系统(EMX)简介

EMX 全称 Expert Moldbase Extension，是 Pro/Engineer 软件的模具设计外挂模块，是 PTC 公司合作伙伴 BUW 公司的产品。EMX 可以使设计师直接调用公司的模架，缩短模具设计开发周期，节约成本，减少工作量。现在 EMX 主要用于注塑模具的创建，而 Pro/Engineer PDX 主要用于冲压模具的创建。

Pro/Engineer EMX 是模具制造商和工具制造商必不可少的附加工具，利用它无须执行费时、烦琐的工作，也无须进行会降低产品开发效率的数据转换。

Pro/Engineer EMX 允许用户在熟悉的 2D 环境中创建模架布局，并自动生成 3D 模型从而利用 3D 设计的优点。它提高了设计速度，原因是独特的图形界面使用户能在自动放置 3D 元件或组件之前快速实时地进行预览。放置了元件后，会自动在适当的邻近板和元件中创建间隙切口、钻孔和螺纹孔等，因而消除了烦琐的重复性模具细化工作。EMX 还使模具制造公司能够直接在模具组件和元件中获取他们自己独有的设计标准和最佳做法。

11.2.1　EMX 的特点

1. 特点Ⅰ

(1) 快速选择模架及配件型号；快速修改模架及配件参数。

(2) 快速选取顶针规格，自动切出相应的孔位及沉孔。

(3) 按预先定义的曲线轻易设计运水孔，安装水喉水堵。

(4) 系统预设 BOM 及零件图。

2. 特点Ⅱ

(1) 完整的滑块结构，包含螺钉、销钉及自动切槽。

(2) 完整的开模机构，包含螺钉、销钉及自动切槽。

(3) 完整的斜顶结构，包含螺钉、销钉及自动切槽。

(4) 模拟开模过程。

(5) 平面图中的孔表功能。

3. 特点Ⅲ——自动化配置

(1) 预设所有标准件的名称。

(2) 预设各类零件的参数及参数值。

(3) 螺栓、销钉自动安装。

(4) 各类零件自动产生并归于相应图层。

(5) 各类简化表达。

(6) 预设所有的螺栓、销钉及顶针的孔位间隙。

11.2.2　EMX 设计模具的优势

(1) 设计输出 3D 化，可使模具设计第一次就做正确。

(2) 缩短模具开发周期。

(3) 让设计规范和设计经验从人脑移入计算机。

(4) 使没有模具设计经验的人员经过短时间培训就能胜任模具设计工作。

11.2.3　EMX 的安装

(1) 将压缩文件解压，双击"SETUP.EXE"文件，进入后单击界面中的"EMX6.0"文件，进入 EMX 6.0 安装界面。修改目标文件夹为 C 盘以外的磁盘(如 D 盘)，并在要安装的功能中选择 Expert Moldbase Extension 选项，如图 11.1 所示，单击"安装"按钮开始安装。

(2) 安装完毕后，在 EMX 安装目录的"bin"文件夹中找到"config.pro"和"config.win"文件，如图 11.2 所示，将其复制到 Pro/Engineer Wildfire 5.0 启动目录下"txt"文件夹中或者"bin"文件夹中(如果该文件已经存在，那么用文本，即 txt 形式将两个文件打开，复制、粘贴在一起即可)。

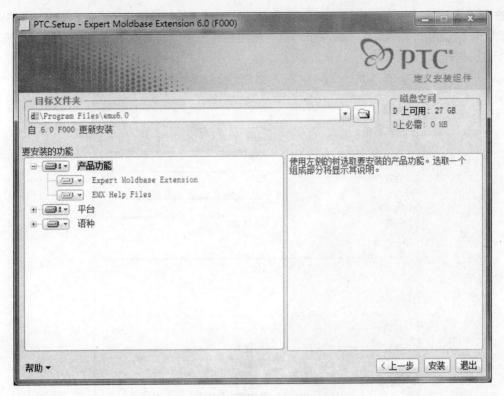

图 11.1　修改安装目录，选择 EMX 模块

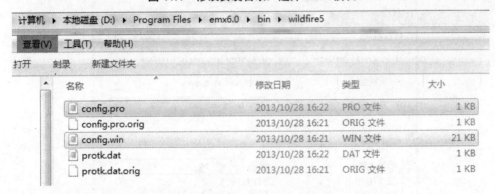

图 11.2　复制"config.pro"和"config.win"文件

11.2.4　EMX 界面介绍

（1）启动 Pro/Engineer 后，在顶部菜单栏最右边多出一个 EMX 6.0 菜单。选择 EMX 6.0|"项目"|"新建"命令，如图 11.3 所示，打开"项目"窗口，修改对话框中的"项目名称"、"前缀"和"后缀"，如图 11.4 所示，单击 ✓ 按钮。

（2）进入模架设计模块后，右侧工具栏按钮可用，如图 11.5 所示，同时 EMX 6.0 下拉菜单中的选项也可用，

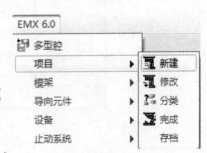

图 11.3　EMX 6.0 菜单

如图 11.6 所示。其实图 11.5 和图 11.6 基本上是一一对应的，只是为了方便，把菜单中的常用选项以按钮形式放在右侧工具栏中。而且模架设计过程只要顺着图 11.5 所示的图标依次往下进行即可。

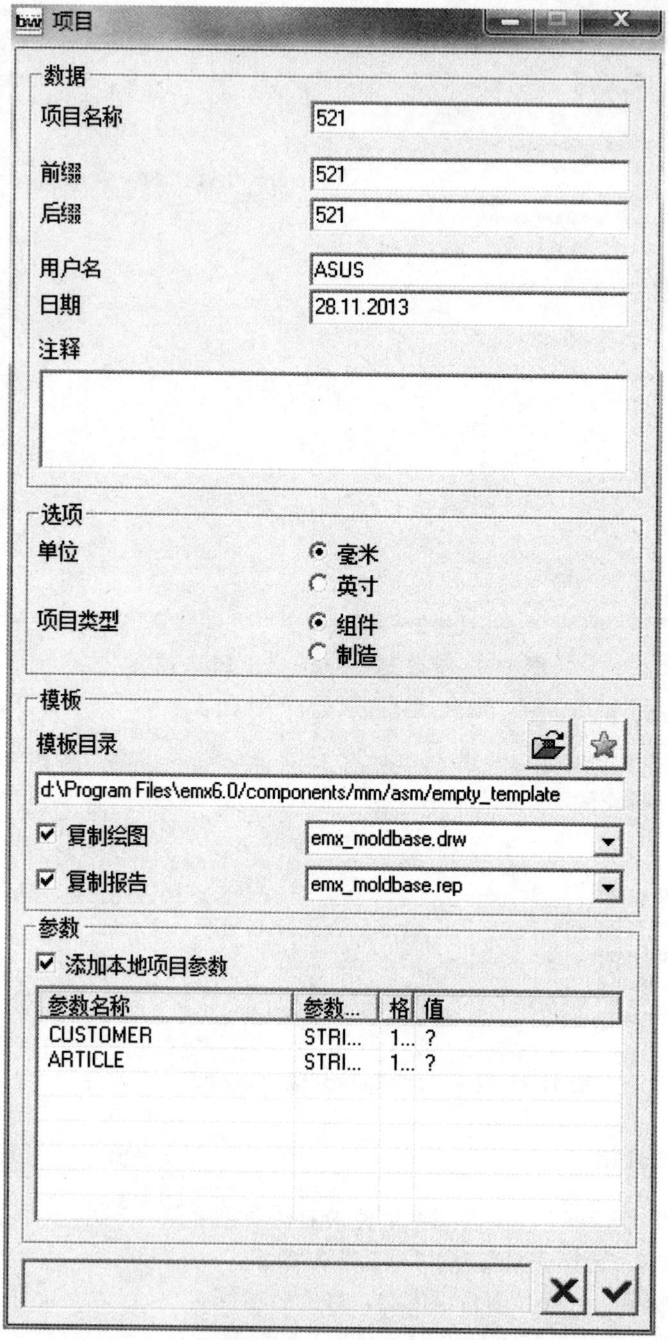

bw 项目

数据

项目名称	521
前缀	521
后缀	521
用户名	ASUS
日期	28.11.2013

注释

选项

单位　◉ 毫米　○ 英寸

项目类型　◉ 组件　○ 制造

模板

模板目录

d:\Program Files\emx6.0/components/mm/asm/empty_template

☑ 复制绘图　emx_moldbase.drw

☑ 复制报告　emx_moldbase.rep

参数

☑ 添加本地项目参数

参数名称	参数...	格	值
CUSTOMER	STRI...	1...	?
ARTICLE	STRI...	1...	?

图 11.4 "项目"窗口

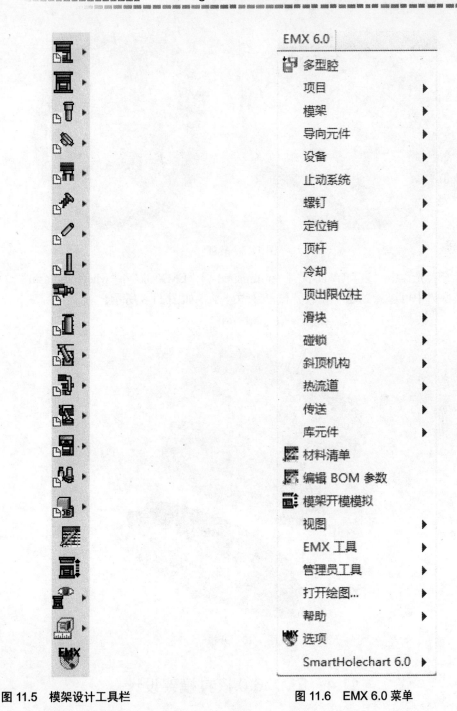

图 11.5　模架设计工具栏　　　　　　图 11.6　EMX 6.0 菜单

11.3　注塑模具设计

下面将通过一个实例说明在 Pro/Engineer 5.0 中进行模具设计的详细过程。本实例采用的模型是一个轮毂，如图 11.7 所示。

图 11.7　轮毂

打开配套光盘中"11"|"11-3"|"unfinished"|"EMX ok"|"wheelhug. asm"文件，从左边模型树中可以看到这个轮毂开模已经做好了，如图 11.8 所示。

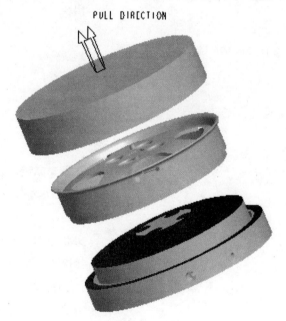

图 11.8　开模

11.4　EMX 6.0 模具模架设计

11.4.1　模具模架设计一般流程

模具模架设计的一般流程如图 11.9 所示。

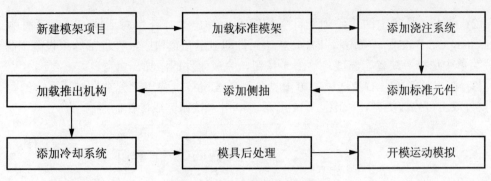

图 11.9 模具模架设计流程

11.4.2 新建模架项目

1. 设置工作目录

选择"文件"|"设置工作目录设置"命令，弹出"选取"对话框，选取配套光盘中"11"|"11-3"|"unfinished"作为工作目录。

2. 创建新文件

(1) 单击工具栏中的"新建项目"按钮 🔳，打开"项目"窗口，在窗口中输入项目名称"wheelhug-hug"，前缀"wheelhug"，单位设置为"毫米"，如图 11.10 所示，单击窗口中的 ✓ 按钮完成 EMX 新项目的建立。

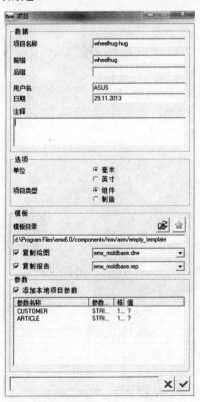

图 11.10 "项目"窗口

(2) 单击工具栏中的"添加元件"按钮 ，弹出"打开"对话框，在对话框中选取"wheelhug.asm"文件，双击将其打开。该元件即显示在窗口中，在顶部约束设置"自动"下拉菜单中选择"缺省"选项，单击✔按钮，完成元件的添加。

(3) 在工具栏 右拉选项中单击"分类"按钮 ，弹出"分类"对话框，给每个零件分类(双击可修改类型)，如图 11.11 所示，单击✔按钮完成操作。

图 11.11 "分类"对话框

(4) 在 右拉选项中，单击"只显示动模"按钮 ，只显示动模。在菜单栏中选中"wheelhug.asm"文件，用鼠标右键单击并选择"编辑定义"命令，删除原有约束，重新定义该元件的放置，并让"MOLDBASE-X-Y"基准平面和加亮面重合(提醒：基准平面MOLDBASE-X-Y 即模具分型面所在位置)，如图 11.12 所示。

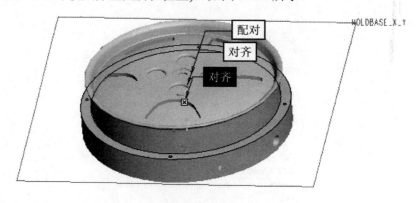

图 11.12 重新定位

11.4.3 加载标准模架

(1) 单击工具栏中的"组件"按钮 ，弹出"模架定义"对话框。单击底部的"从文件载入组件定义"按钮 ，如图 11.13 所示。弹出"载入 EMX 组件"对话框，在"供应商"下拉列表中选择 hasco 选项，在"保存的组件"列表中选择 emx_tutorial_komplett 选项，并取消勾选"保留尺寸和模型数据"复选框，如图 11.14 所示。

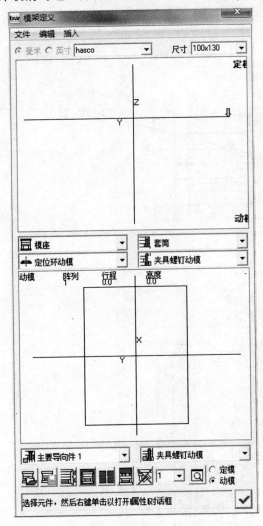

图 11.13 "模架定义"对话框

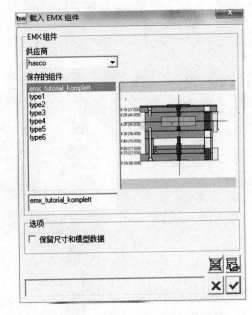

图 11.14 "载入 EMX 组件"对话框

(2) 在"载入 EMX 组件"对话框中单击✓按钮，模具即被加载。在"模具定义"对话框中将尺寸规格改为"546×546"，弹出如图 11.15 所示的对话框，单击✓按钮，完成操作。

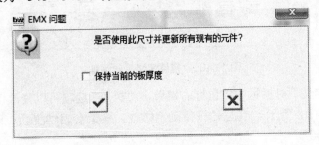

图 11.15 "EMX 问题"对话框

（3）经过一段时间，模具加载完成，"模架定义"对话框如图 11.16 所示。显示区域如图 11.17 所示。

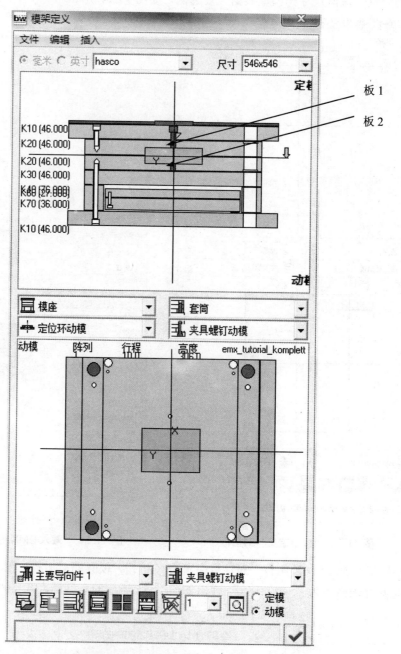

图 11.16 "模架定义"对话框

（4）在"模架定义"对话框中用鼠标右键单击"板 1"选项可以修改该板参数，设置厚度为"86"，如图 11.18 所示。单击 ✓ 按钮确定修改，模架会自动更新。同理修改"板 2"，把它的厚度改为"56"。

图 11.17　加载模架效果

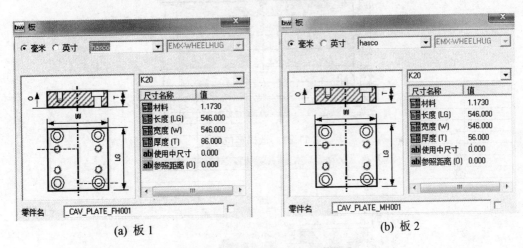

(a) 板 1　　　　　　　　　　　　　　　(b) 板 2

图 11.18　修改板 1 和板 2 的厚度

11.4.4　添加浇注系统

(1) 单击 "模架定义" 对话框中的 "删除元件" 按钮，选择图 11.19 中加亮部分的支撑轴套，弹出如图 11.20 所示的 "EMX 问题" 对话框，单击对话框中的 按钮，删除该元件。

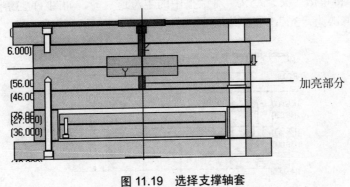

图 11.19　选择支撑轴套

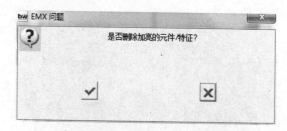

图 11.20　"EMX 问题"对话框

(2) 用鼠标右键单击"模架定义"对话框中的定位环，如图 11.21 所示，弹出"定位环"对话框，选择类型为"K100"，直径修改为"90"，偏移修改为"-4"，如图 11.22 所示。

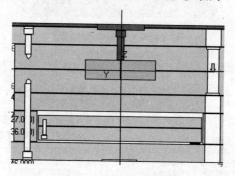

图 11.21　选择定位环

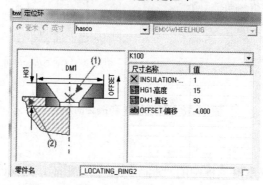

图 11.22　"定位环"对话框

(3) 用鼠标右键单击"模架定义"对话框中的主流道衬套，如图 11.23 所示，选择型号"Z51r"，长度 L 修改为"36"，偏移修改为"-4"，如图 11.24 所示。

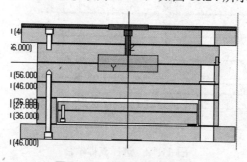

图 11.23　选择主流道衬套

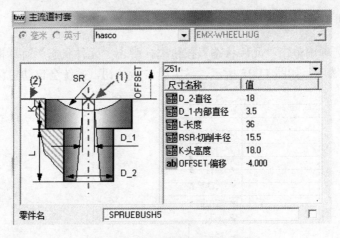

图 11.24　"主流道衬套"对话框

(4) 选择主菜单中的"插入"|"拉伸"命令，在显示器空白处单击鼠标右键，并在弹出的快捷菜单中选择"草绘"命令，选择如图 11.25 所示的 WHEELHUG_INSULATION4.PRT 元件上表面板作为草绘平面。进入草绘界面，绘制一个直径为 64mm 的圆，如图 11.26 所示。单击"拉伸"操作面板中的"选项"按钮，在下拉列表中取消勾选"自动更新"复选框，并把模型下方元件全部删除，选择 WHEELHUG_INSULATION4.PRT 元件作为相交元件，如图 11.27 所示，单击☑按钮完成操作。

图 11.25　选择草绘平面

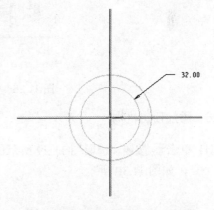

图 11.26　草绘直径为 64mm 的圆

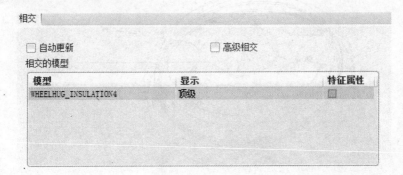

图 11.27　相交窗口

11.4.5　添加标准元件

在 右拉选项中单击"元件状态"按钮，弹出"元件状态"对话框，单击"全选"按钮选中全部选项，如图 11.28 所示，最后单击☑按钮，系统会自动更新显示区的模型。

图 11.28　"元件状态"对话框

11.4.6　添加顶出机构

(1) 单击按钮，选取图 11.29 所示的加亮面作为草绘平面，单击"几何点"按钮绘制 5 个点，如图 11.30 所示。

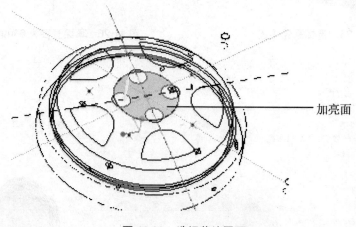

图 11.29　选择草绘平面

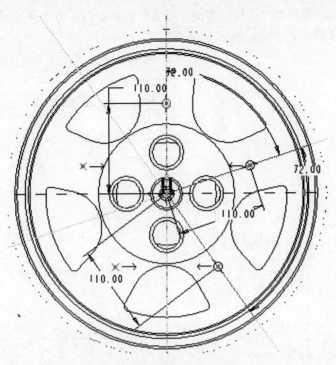

图 11.30　草绘 5 个几何点

(2) 单击"基准点"按钮，弹出"基准点"对话框，依次选择草绘建立的 5 个草绘几何点来建立 5 个基准点，如图 11.31 所示(这里创建基准点其实是和草绘创建重合的，这样做是为了方便建立标准元)。在导航栏中选中"草绘 1"选项，单击鼠标右键，在弹出的快捷菜单中选择"隐藏"命令。

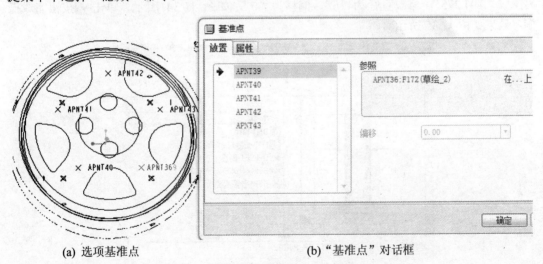

(a) 选项基准点　　　　　　　　　(b) "基准点"对话框

图 11.31　草绘 5 个基准点及结果

(3) 按住 Ctrl 键选中凸模上面两个曲面，并依次按 Ctrl+C 键和 Ctrl+V 键，单击 ✓ 按钮完成复制分型面的创建。在主菜单中选择"EMX 6.0"｜"顶杆"｜"识别修剪面"命令，如图 11.32 所示，在弹出的"顶杆修剪面"对话框中单击右下方的 ✚ 按钮，选中刚复制的曲面，如图 11.33 所示，单击 ✓ 按钮完成操作。

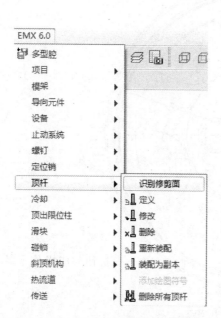

图 11.32 选择"识别修剪面"命令　　　　图 11.33 "顶杆修剪面"对话框

(4) 返回 emx-wheelhug.asm 窗口，单击绘图区右侧的"定义顶杆" 按钮，弹出"顶杆"对话框，单击对话框中的"点"按钮，选取刚刚建立的 5 个基准点作为参考，然后单击"曲面"按钮，选取顶杆下面固定板作为参考。此时可以看到长度变为"250"，参考距离变成"194.275"，修改直径为"6"，偏移为"0"，如图 11.34 所示，单击 ✓ 按钮完成操作，效果如图 11.35 所示。

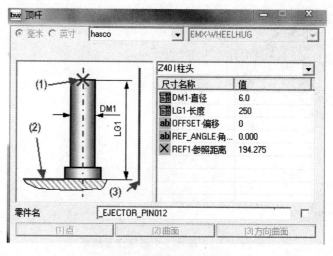

图 11.34 "顶杆"对话框

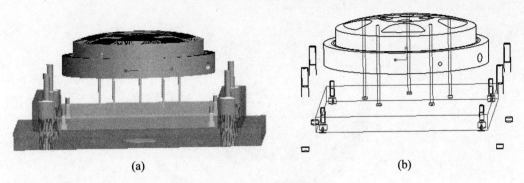

(a)　　　　　　　　　　　　　　　　(b)

图 11.35　顶杆效果

11.4.7　添加螺钉

因为单位环上已经有 4 个基准点，直接定义螺钉即可。单击工具栏的"定义螺钉"按钮，弹出"螺钉"对话框，单击对话框中的"点|轴"按钮，选取已经建立的 PNT0 等 4 个基准点作为参考，然后单击"曲面"按钮，选取定位环上表面作为参考。修改直径为"5"，长度为"15"，偏移为"-8"，如图 11.36 所示，单击按钮完成操作，效果如图 11.37 所示。

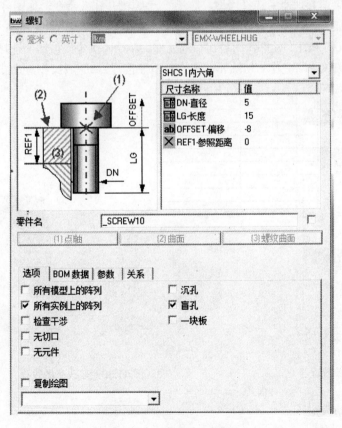

图 11.36　"螺钉"对话框

图 11.37　添加螺钉效果

11.4.8　模具后期处理

模架创建完毕后，需要对导入模板和元件进行处理。

在 wheel-hug.asm 组件窗口中，选择主菜单中的"应用程序"|"模具布局"命令，在打开的"模具布置"菜单管理器中选择"型腔腔槽"|"腔槽开孔"命令，如图 11.38 所示，按住 Ctrl 键选取导航栏中的"WHEELHUG_GAV_PLATE_MH001.PRT"和"WHEELHUG_CAV_PLATE_FH001.PRT"元件作为被切除的元件，单击"确定"按钮，选择自动创建的工件"WHEELHUG_WRK.PRT"作为切除元件，单击"确定"按钮完成操作，效果如图 11.39 所示。

图 11.38　菜单管理器

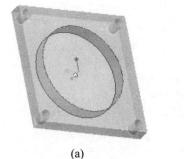 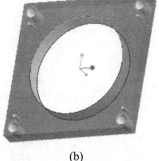

(a)　　　　　　　　　　　(b)

图 11.39　修改后的效果

11.4.9　开模运动模拟

EMX 6.0 中有模拟开模功能，可以对模具开模进行仿真。

　　单击工具栏中的"模拟"按钮▥，弹出"模具开模模拟"对话框，输入开模总计"100"，步距宽度"10"，单击"计算"按钮▣，开始计算，如图 11.40 所示。单击▨按钮弹出"动画"对话框，如图 11.41 所示，单击　　▶　　按钮可以看到开模过程，单击"捕获"按钮，弹出"捕获"对话框，如图 11.42 所示，在"类型"下拉列表中可以选择视频和图片格式，单击"确定"按钮可以导出视频或者图片，开模过程如图 11.43 所示。

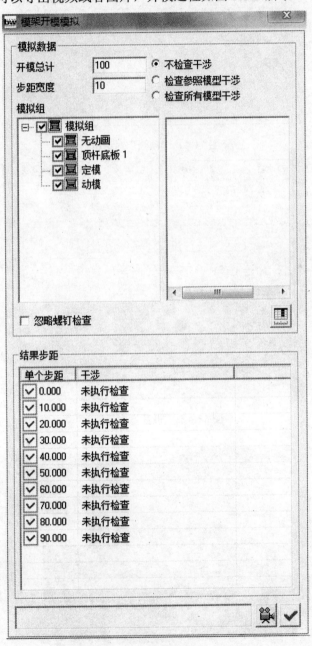

图 11.40 "模架开模模拟"对话框

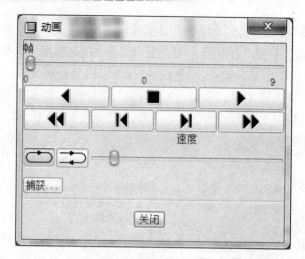

图 11.41 "动画"对话框

图 11.42 "捕获"对话框

图 11.43 开模过程

本 章 小 结

本章主要介绍了运用 Pro/Engineer 5.0 常用外挂 EMX 6.0 模块进行模架设计的设计方法和操作步骤。希望读者能够认真学习、体会，争取早日掌握。通过本章的学习，读者可以初步掌握应用 EMX 6.0 进行模具模架设计的基本方法。另外，软件只是工具，读者在学习软件的同时要努力学习相关专业知识，这样才能更好地提高设计水平。

习　　题

打开配套光盘中"11"|"11-3"|"practice"|"unfinished"|"mech-1"零件，如图 11.44 所示。对其进行模架设计，最终效果如图 11.45 所示。

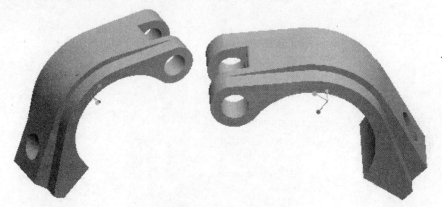

图 11.44　"mech-1"零件

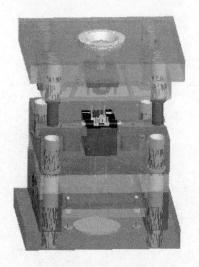

图 11.45　设计效果

参 考 文 献

[1] 查韬，黄加福，贾东永. 从学习到实践：Pro/Engineer Wildfire 4.0 产品设计[M]. 北京：清华大学出版社，2009.

[2] 詹友刚. Pro/Engineer Wildfire 中文野火版 5.0 模具设计教程[M]. 北京：机械工业出版社，2011.

[3] 余强，周京平. Pro/E 模具设计与工程应用精选 50 例[M]. 北京：清华大学出版社，2008.

[4] 孙树峰，王萍萍. Cimatron E9.0 产品设计与数控自动编程技术[M]. 北京：北京大学出版社，2010.

北京大学出版社材料类相关教材书目

序号	书　名	标准书号	主　编	定价	出版日期
1	金属学与热处理	7-5038-4451-5	朱兴元，刘　忆	24	2007.7
2	材料成型设备控制基础	978-7-5038-13169-5	刘立君	34	2008.1
3	锻造工艺过程及模具设计	978-7-5038-4453-5	胡亚民，华　林	30	2012.3
4	材料成形 CAD/CAE/CAM 基础	978-7-301-14106-9	余世浩，朱春东	35	2008.8
5	材料成型控制工程基础	978-7-301-14456-5	刘立君	35	2009.2
6	铸造工程基础	978-7-301-15543-1	范金辉，华　勤	40	2009.8
7	铸造金属凝固原理	978-7-301-23469-3	陈宗民，于文强	43	2014.1
8	材料科学基础（第 2 版）	978-7-301-24221-6	张晓燕	44	2014.6
9	无机非金属材料科学基础	978-7-301-22674-2	罗绍华	53	2013.7
10	模具设计与制造	978-7-301-15741-1	田光辉，林红旗	42	2013.7
11	造型材料	978-7-301-15650-6	石德全	28	2012.5
12	材料物理与性能学	978-7-301-16321-4	耿桂宏	39	2012.5
13	金属材料成形工艺及控制	978-7-301-16125-8	孙玉福，张春香	40	2013.2
14	冲压工艺与模具设计(第 2 版)	978-7-301-16872-1	牟　林，胡建华	34	2013.7
15	材料腐蚀及控制工程	978-7-301-16600-0	刘敬福	32	2010.7
16	摩擦材料及其制品生产技术	978-7-301-17463-0	申荣华，何　林	45	2010.7
17	纳米材料基础与应用	978-7-301-17580-4	林志东	35	2013.9
18	热加工测控技术	978-7-301-17638-2	石德全，高桂丽	40	2013.8
19	智能材料与结构系统	978-7-301-17661-0	张光磊，杜彦良	28	2010.8
20	材料力学性能（第 2 版）	978-7-301-25634-3	时海芳，任　鑫	40	2015.5
21	材料性能学	978-7-301-17695-5	付　华，张光磊	34	2012.5
22	金属学与热处理	978-7-301-17687-0	崔占全，王昆林等	50	2012.5
23	特种塑性成形理论及技术	978-7-301-18345-8	李　峰	30	2011.1
24	材料科学基础	978-7-301-18350-2	张代东，吴　润	36	2012.8
25	材料科学概论	978-7-301-23682-6	雷源源，张晓燕	36	2013.12
26	DEFORM-3D 塑性成形 CAE 应用教程	978-7-301-18392-2	胡建军，李小平	34	2012.5
27	原子物理与量子力学	978-7-301-18498-1	唐敬友	28	2012.5
28	模具 CAD 实用教程	978-7-301-18657-2	许树勤	28	2011.4
29	金属材料学	978-7-301-19296-2	伍玉娇	38	2013.6
30	材料科学与工程专业实验教程	978-7-301-19437-9	向　嵩，张晓燕	25	2011.9
31	金属液态成型原理	978-7-301-15600-1	贾志宏	35	2011.9
32	材料成形原理	978-7-301-19430-0	周志明，张　弛	49	2011.9
33	金属组织控制技术与设备	978-7-301-16331-3	邵红红，纪嘉明	38	2011.9
34	材料工艺及设备	978-7-301-19454-6	马泉山	45	2011.9
35	材料分析测试技术	978-7-301-19533-8	齐海群	28	2014.3
36	特种连接方法及工艺	978-7-301-19707-3	李志勇，吴志生	45	2012.1
37	材料腐蚀与防护	978-7-301-20040-7	王保成	38	2014.1
38	金属精密液态成形技术	978-7-301-20130-5	戴斌煜	32	2012.2
39	模具激光强化及修复再造技术	978-7-301-20803-8	刘立君，李继强	40	2012.8
40	高分子材料与工程实验教程	978-7-301-21001-7	刘丽丽	28	2012.8
41	材料化学	978-7-301-21071-0	宿　辉	32	2015.5
42	塑料成型模具设计	978-7-301-17491-3	江昌勇，沈洪雷	49	2012.9
43	压铸成形工艺与模具设计	978-7-301-21184-7	江昌勇	43	2015.5
44	工程材料力学性能	978-7-301-21116-8	莫淑华，于久灏等	32	2013.3
45	金属材料学	978-7-301-21292-9	赵莉萍	43	2012.10
46	金属成型理论基础	978-7-301-21372-8	刘瑞玲，王　军	38	2012.10
47	高分子材料分析技术	978-7-301-21340-7	任　鑫，胡文全	42	2012.10
48	金属学与热处理实验教程	978-7-301-21576-0	高聿为，刘　永	35	2013.1
49	无机材料生产设备	978-7-301-22065-8	单连伟	36	2013.2
50	材料表面处理技术与工程实训	978-7-301-22064-1	柏云杉	30	2014.12
51	腐蚀科学与工程实验教程	978-7-301-23030-5	王吉会	32	2013.9
52	现代材料分析测试方法	978-7-301-23499-0	郭立伟，朱　艳等	36	2015.4
53	UG NX 8.0+Moldflow 2012 模具设计模流分析	978-7-301-24361-9	程　钢，王忠雷等	45	2014.8
54	Pro/Engineer Wildfire 5.0 模具设计	978-7-301-26195-8	孙树峰，孙术彬等	45	2015.9

如您需要更多教学资源如电子课件、电子样章、习题答案等，请登录北京大学出版社第六事业部官网 www.pup6.cn 搜索下载。

如您需要浏览更多专业教材，请扫下面的二维码，关注北京大学出版社第六事业部官方微信（微信号：pup6book），随时查询专业教材、浏览教材目录、内容简介等信息，并可在线申请纸质样书用于教学。

感谢您使用我们的教材，欢迎您随时与我们联系，我们将及时做好全方位的服务。联系方式：010-62750667，童编辑，13426433315@163.com，pup_6@163.com，lihu80@163.com，欢迎来电来信。客户服务 QQ 号：1292552107，欢迎随时咨询。